L'effet de serre

Réalité, conséquences et solutions

René DUCROUX

Edition 2024

SOMMAIRE

AVANT-PROPOS **P4**

INTRODUCTION **P5**

LES CLIMATS **P7**

Climat passé – reconstitution des climats passés – les glaces polaires – les cycles de Milankovitch

L'EFFET DE SERRE **P9**

Le forçage radiatif – les deux phases du réchauffement climatique – lien avec la population et le développement économique

LES SIMULATIONS SCIENTIFIQUES **P11**

LES DIFFÉRENTS GES, LEURS ORIGINES **P12**

Les 7 gaz retenus à Kyoto – Le pouvoir de réchauffement global (PRG)

LE BILAN CARBONE **P14**

Le devenir des émissions de CO_2

LES CONSÉQUENCES DU RÉCHAUFFEMENT ET LEUR COÛT **P16**

Le réchauffement en marche – La fonte des glaciers

La modification de la circulation océanique

Les extrêmes climatiques

Les conséquences sanitaires

Les données de l'OMM

Des prévisions inquiétantes

Le coût du réchauffement climatique

LES CATASTROPHES CLIMATIQUES DRAMATIQUES **P20**

LE MESSAGE DE L'ORGANISATION MÉTÉOROLOGIQUE MONDIAL **P20**

Les impacts en France

LES DIFFÉRENTS POLLUEURS RESPONSABLES DES ÉMISSIONS MONDIALES DE GES ... **P21**

RÉPARTITION SECTORIELLE DES ÉMISSIONS DE CO_2 DANS LE MONDE **P25**

LES ÉMISSIONS DE GES EN EUROPE **P26**

En France

LES SOLUTIONS **P30**

- La maitrise de l'énergie

- La capture et séquestration du CO_2

  • La biomasse

    ▪ Le captage du CO_2 par les arbres

  • Les océans

  • La capture du CO_2

- Utilisation et recyclage du CO_2 - Stockage industriel du carbone

LE MIXTE ÉNERGÉTIQUE P36
LES ÉNERGIES RENOUVELABLES P38
- L'hydrogène
- Les bio-énergies
    - Biomasse ■ Biogaz ■ Bio-méthane ■ Biocarburant
- L'éolien
    - En France - Projet RINGO (RTE- 2021) ■ En Europe
- L'énergie solaire : thermique et photovoltaïque en France et DROM

L'ÉNERGIE SOLAIRE DANS LE MONDE P50
L'ÉNERGIE HYDRAULIQUE DANS LE MONDE P50
L'ÉNERGIE HYDRAULIQUE en France P52
LA GÉOTHERMIE P53
LES POMPES À CHALEUR   P54
L'ÉNERGIE NUCLÉAIRE P55
LE NUCLÉAIRE DANS LE MONDE P55

- Retraitement et déchet
- Les déchets nucleaires (Andra 2023)

LA FUSION THERMONUCLÉAIRE P59
- Le projet ITER

LES PILES À COMBUSTIBLE - Le transport – Le bilan Carbone   P61
L'ORGANISATION INTERNATIONALE ET LES « CONFERENCES OF THE PARTIE » (COP) P67
LE SYSTÈME D'ÉCHANGE DES QUOTAS D'ÉMISSION DE CARBONE (SEQE) P69
LA FIN DU PROTOCOLE DE KYOTO P69
LES « CONFERENCES OF THE PARTIE » (COP) LA COP 27 ET 28 .... P70
LE PROGRAMME NATIONAL DE LUTTE CONTRE LE CHANGEMENT CLIMATIQUE (PNLCC) P73
L'INTÉRÊT PLANÉTAIRE P73
CONCLUSIONS P74
GLOSSAIRE P75
SIGLES ET ABRÉVIATIONS   P76 - POUR EN SAVOIR PLUS P77 – SITE INTERNET A CONSULTER P77

AVANT PROPOS

Le changement climatique dû à l'effet de serre a des conséquences planétaires. L'ensemble des pays du monde est concerné, en particulier les pays en développement et les pays pauvres situés dans des les zones intertropicales là où sévissent les extrêmes climatiques, tempêtes, ouragans, sécheresses et inondations… De plus ces pays ont des facultés d'adaptation très réduites.

Tous ces effets de dérèglement climatique sont bien connus du monde maintenant car on les observe depuis plus de 20 ans et cette situation ne fait que s'aggraver.

Mais ces effets peuvent être aussi à plus long terme et moins visibles comme la modification des écosystèmes, la montée du niveau des mers et océans, et les effets sanitaires dues aux épidémies.

L'ensemble des nations l'a compris et a réagi en créant une convention internationale sur le changement climatique dans le cadre des Nations Unies (UNFCCC : United Nations Framework Convention on Climate Change) en juin 1992 au sommet de la terre de Rio de Janeiro. Le protocole de Kyoto en 1997 puis l'Accord de Paris en 2012 et ratifié en 2016 montrent la prise de conscience des Etats de ce monde.

193 pays ont signé l'Accord de Paris et se sont engagés à réduire leurs émissions de gaz à effet de serre (GES) afin de maintenir la hausse des températures moyennes de 2°C d'ici 2100 ce qui n'était pas le cas avec le protocole de Kyoto. La baisse mondiale des émissions de CO_2 entre 1990 et 2012 est de l'ordre de 4% comparée à l'objectif de Kyoto de -5,5%.

L'Accord de Paris est basé davantage sur le caractère volontaire des actions de réduction des émissions de CO_2 plus que sur l'aspect juridiquement contraignant que pouvait avoir le Protocole de Kyoto. Un grand progrès a été obtenu avec l'accord sur le versement de 100 milliards de dollars aux pays fortement atteints par les dégâts du dérèglement climatique.

Le problème de l'effet de serre met en jeu tous les domaines de la société. Il mobilise de nombreuses disciplines scientifiques pour sa compréhension et l'étude de ses conséquences. Des secteurs entiers de l'économie responsables des GES sont directement concernés. Il questionne la recherche technologique pour obtenir des remèdes et des solutions. Il mobilise les sphères politiques, économiques, sociales et juridiques pour établir une réponse concertée au niveau international dans l'intérêt commun de l'ensemble des nations.

Le développement des pays riches s'est fait sur la base de technologies polluantes en GES (centrales à charbon, au fuel et au gaz). Les pays en développement souhaitent acquérir le même niveau de vie que les pays riches et utilisent donc les mêmes technologies polluantes. Difficile de leur reprocher.

A ce jour plus de 85% des énergies pour le transport, la construction, l'agriculture…sont obtenues à partir des combustibles fossiles. Le problème devient urgent à traiter car les 1,5°C sont déjà atteints.

Les technologies de capture et de stockage des GES sont connues et existent depuis les années 2000 mais elles augmentent fortement le prix des combustibles charbon, fuel et gaz. Ces pays émergents refusent donc de payer le prix fort de leur développement au détriment de leur compétitivité.

Le problème de l'effet de serre ne se réglera donc qu'avec des accords internationaux, des transferts de technologie non polluante, des accords sur le commerce mondial afin que l'ensemble des états y trouvent un intérêt commun de développement.

Les émissions humaines étant bien identifiées, les solutions et les remèdes ne dépendent que de la volonté de l'Homme à agir ? Néanmoins les intérêts des différents pays ne sont pas identiques selon leur position géographique, leurs ressources naturelles, leurs intérêts économiques…et comme au niveau international le problème se complexifie, les accords internationaux sont difficiles à établir.

Tel est le problème posé pour conserver une planète viable et agréable à vivre pour tout le monde. Monde réveille-toi !

L'immensité du sujet m'a conduit à la rédaction de ce nouveau livre, dédié à un large public, afin de mettre à jour les progrès réalisés depuis 2003 (date de parution du premier livre sur « l'effet de serre ») dans les domaines techniques, dans la compréhension des phénomènes climatiques et dans les relations internationales.

INTRODUCTION

L'Agence américaine d'observation océanique et atmosphérique (NOAA) a enregistré le mardi 4 juillet 2023 une température terrestre moyenne de 17,18°C. La planète n'avait jamais atteint un tel niveau de température. Au siècle dernier, la température moyenne était voisine de 15°C (avec des moyens de détection moins précis que ceux d'aujourd'hui).

Le dernier record de température moyenne enregistrée le 24 juillet 2022 était de 16,92°C.

A ce jour, la température moyenne de la terre a augmenté de 1,3°C par rapport à la température moyenne à l'ère préindustrielle (1850).

Selon l'Organisation météorologique mondiale (OMM), il existe une forte probabilité pour que la température mondiale moyenne annuelle dépasse la limite de 1,5°C entre 2023 et 2027. Les huit dernières années ont été les plus chaudes avec des températures annuelles mondiales supérieures d'au moins un degré par rapport à l'ère préindustrielle.

Le changement climatique est apparu suite à l'augmentation brutale dans l'atmosphère des gaz à effet de serre et en particulier du CO_2 dû à la combustion du charbon et du pétrole à la fin du 19ème siècle.

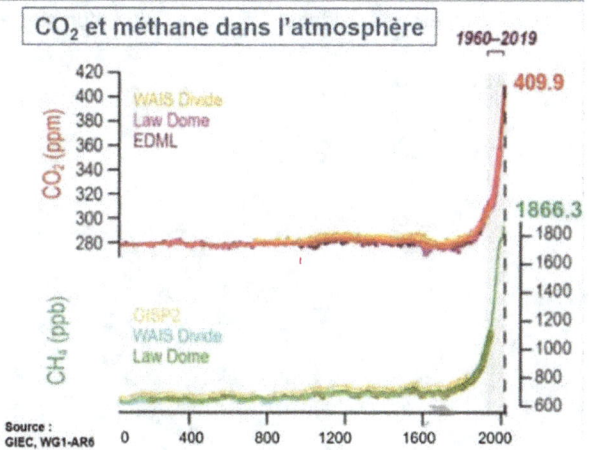

Une des caractéristiques de ce changement climatique dû à l'homme est la cinétique (vitesse) des modifications du climat. Celle-ci est dix fois plus rapide que les changements climatiques des 65 derniers millions d'années (Portner et al,2014 ; Rhein et al,2014).

De plus, le graphe ci-dessous montre l'effet des changements macroéconomiques sur les émissions des GES, CO_2, méthane et N_2O. En effet, ces crises ont entraîné une baisse de l'activité humaine (industriel, agricole, transport...) donc un ralentissement des émissions de GES encore plus marquées pour les baisses de méthane et de N_2O essentiellement dues à l'agriculture et l'élevage.

Les climato sceptiques ont du mal à expliquer ce type de variation par des changements de température dû à l'ensoleillement ou une saturation CO_2 de la bande infrarouge à 15 micromètres. Leur raisonnement basé sur la physique est peut-être juste mais simpliste et non en adéquation avec la réalité. Les faits sont les faits. La baisse des émissions de CO_2 est dû aux différentes crises suivantes :

1974 crise pétrolière - 1979 Hausse des Fed Funds - 1982 Crise de la dette des PEVD - 1987 Krach du marché obligataire et des actions - 1992 Crise du SME - 1997 Crise financière asiatique - 2008 Crise financière des subprimes.

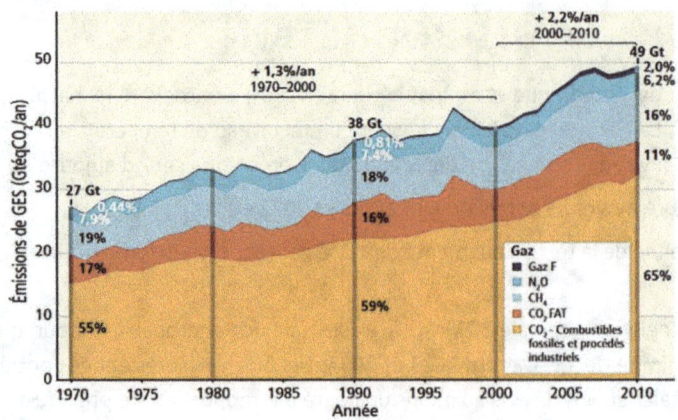

Source IPCC 2016

La variation de température due à ces augmentations d'énergies dans l'atmosphère est évidente en un peu plus d'un siècle comme le montre les graphes ci-dessous.

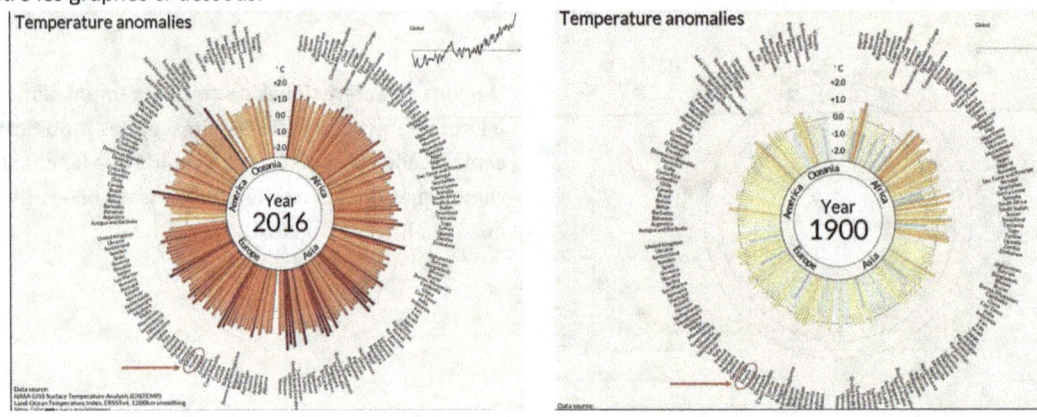

La température froide est de couleur bleue, la température chaude est de couleur rouge. L'ensemble des pays du monde ont vu leur température augmenter de 1 à 2°C.

Il n'y a plus d'équivoque possible : les quelques gigatonnes émises par l'homme dérèglent l'équilibre physicochimique et biologique de notre planète avec une constante de temps de retour à l'équilibre de plusieurs centaines d'années

LES CLIMATS

CLIMAT PASSE

La terre a 4,5 milliards d'années. Son climat a donc une très longue histoire, dans laquelle l'effet de serre du gaz carbonique a toujours joué un rôle central. Dans sa jeunesse, la Terre était plus chaude, en dépit d'un soleil moins brillant, à cause de la teneur élevée de l'atmosphère primitive en CO2 d'origine volcanique.

Le CO2, gaz acide, a réagi progressivement avec les roches. Ainsi la Terre s'est refroidie au fur et à mesure que le CO2 diminuait. Le CO2 a également été consommé par le développement de la végétation et de la biomasse, et stocké sous forme de combustibles fossiles (charbon, pétrole et gaz).

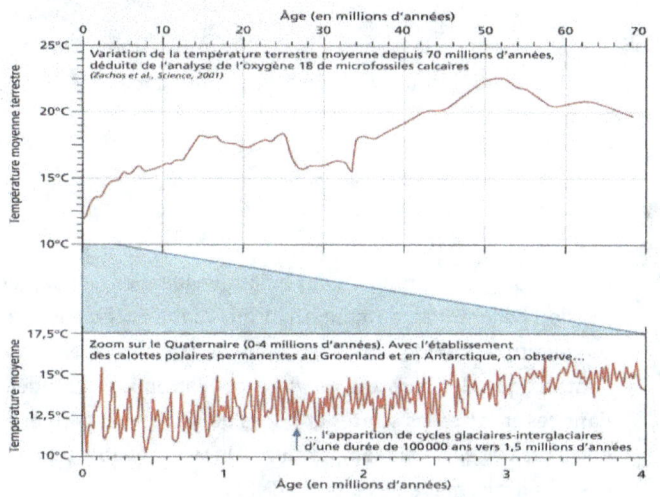

La genèse des énergies fossiles (charbon) proviennent de la végétation luxuriante du carbonifère. Les restes des organismes vivants accumulés au fond des mers du trias, du jurassique et du crétacé ont donné naissance aux gisements de gaz et pétrole.

Sans l'effet de serre naturel de la vapeur d'eau et du CO2, la température moyenne du globe serait de – 18°C au lieu de +15°C.

Depuis 1,5 millions d'années, des alternances de périodes glaciaires et de périodes plus clémentes (dites interglaciaires) sont clairement décelables dans les enregistrements climatiques.

RECONSTITUTION DES CLIMATS PASSES

Une des clés pour comprendre le climat présent et futur est la compréhension du climat passé.

Différentes méthodes physiques et chimiques appliquées à différents milieux naturels (sédiments, glaciers, coraux, etc) permettent de reconstituer plus ou moins précisément les conditions climatiques qui prévalaient dans le passé sous les différentes latitudes, sur terre et dans les océans.

Dans les océans : l'étude des sédiments marins et des terrasses coralliennes permet d'accéder à un nombre important de variables caractérisant l'état de l'océan, de la surface au fond (température, salinité, densité, variations du niveau marin, productivité biologique, pH, CO2 dissous, etc).

Sur terre : les observations géologiques (traces des glaciers, dépôts de moraines...) renseignent sur l'extension des zones glaciaires selon les époques. L'étude des pollens dans les sols et les sédiments lacustres permet de construire des cartes de végétation selon les périodes climatiques. L'analyse des sédiments lacustres informe sur les conditions climatiques et hydriques des bassins versants. Les carottes de glace forées dans les glaciers de montagne et les calottes polaires donnent accès à la composition de l'atmosphère dans le passé (CO2, méthane,...) et à la température du site.

L'analyse des éléments radioactifs (uranium, thorium, potassium, carbone 14...) présents dans le milieu naturel permet de déterminer l'âge des échantillons prélevés et donc de replacer l'évolution du climat dans son cadre temporel.

Ces éléments radioactifs présents dans la terre sont également présents dans chaque être humain car son alimentation provient de l'agriculture. N'ayons donc pas peur du nucléaire car la radioactivité est en nous. La radioactivité est un phénomène naturel que nous connaissons et maitrisons.

LES GLACES POLAIRES

Les glaces polaires renferment la mémoire des climats passés. On peut déduire de l'analyse des bulles d'air piégées dans la glace la composition de l'atmosphère et les concentrations des gaz à effet de serre (appelé GES) ; en outre la teneur de la glace en oxygène 18 (isotope de l'oxygène 16 que nous respirons) et en deutérium (isotope de l'hydrogène) donne accès à la température du site à l'époque où la neige s'est déposée.

Les neiges s'accumulent chaque année par strates dans les régions polaires et renferment des bulles d'air contenant les gaz de l'atmosphère de l'époque.

Plus on descend en profondeur plus on remonte le temps.

A Vostok (station antarctique) les glaciologues ont foré jusqu'à – 3600m ce qui correspond à 420.000 ans. Au Dôme Concordia les européens ont foré une carotte de glace permettant de remonter le temps jusqu'à 740.000 ans. L'antarctique et Groenland (deux continents) sont des lieux privilégiés pour les paléo-climatologues

Cristaux de glace contenant des bulles de gaz avec de l'oxygène 18, de l'hélium 3 et du deutérium qui sont des traceurs de la température. **Claude Lorius, glaciologue français, a extrait de l'antarctique des carottes de glace et Jean Jouzel a modélisé dans ces carottes les strates et bulles de glace pour faire le lien entre ces traceurs et la température. Un remarquable travail de ces 2 français, médaillés d'or du CNRS.**

LES CYCLES DE MILANKOVITCH

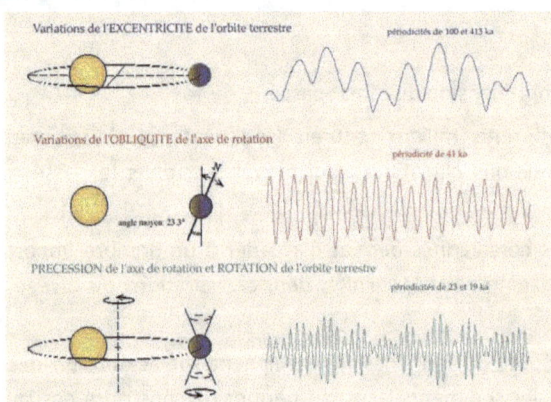

Milutin Milankovitch est un mathématicien yougoslave qui fit le lien entre les alternances de périodes chaudes et de périodes glaciaires et les cycles des paramètres orbitaux de la Terre.

100.000 ans cycle dû à l'excentricité de l'orbite terrestre.

41.000 ans cycle dû à l'inclinaison de l'axe de rotation de la Terre/ au plan orbital.

22.000 ans cycle de précession des équinoxes (l'axe de rotation de la Terre bouge en fonction des attractivités du soleil et le lune)

On remarque nettement sur le graphe de Milankovitch le cycle de 100.000 ans. Depuis 10.000 ans nous avons entamé la partie descendante du cycle de 100.000 ans. **La température diminue et la nature devrait nous conduire vers une nouvelle ère glaciaire.** Nous constatons que l'évolution NATURELLE de la température due à l'ensoleillement conduit à des variations de la concentration de CO2. Les variations d'ensoleillement, donc de la température, entraine les mêmes variations de la concentration en CO2.

Aujourd'hui c'est l'INVERSE. La concentration de CO2 augmente par les rejets anthropiques (liés à l'homme) ce qui fait augmenter la température par effet de serre. Ce n'est plus le soleil qui entraine une augmentation du CO2 mais l'homme par ses rejets industriels qui en augmentant le CO2 réchauffe la planète.

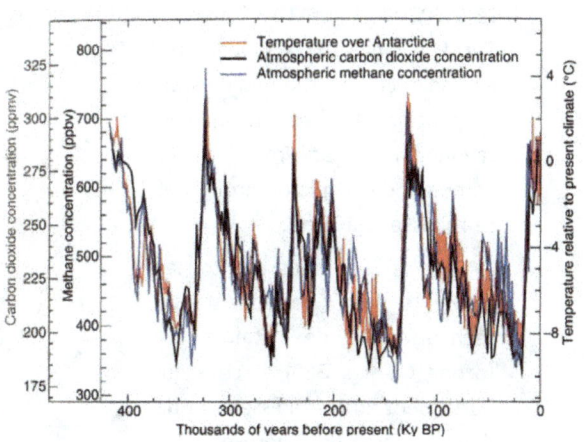

L'EFFET DE SERRE

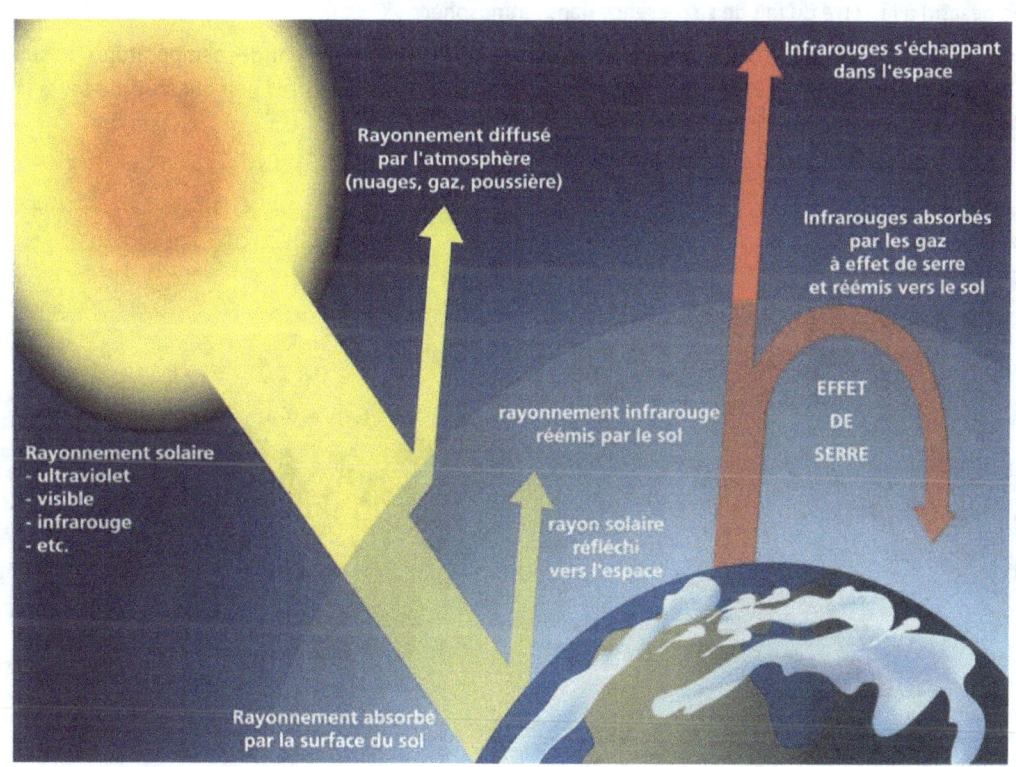

Le nom d'effet de serre est dû au fait que l'atmosphère se comporte comme la vitre d'une serre en laissant passer le rayonnement solaire incident tout en retenant une partie du rayonnement infrarouge émis par la terre vers l'espace. C'est ce rayonnement infrarouge terrestre qui est capté par les GES, molécules d'eau H2O, gaz carbonique CO2, méthane CH4, protoxyde d'azote N2O, qui vont réchauffer l'atmosphère. C'est l'augmentation des GES liée à l'activité humaine en particulier le CO2, qui provoque le réchauffement du climat.

LE FORCAGE RADIATIF : L'énergie captée par les molécules de gaz à effet de serre réchauffe l'atmosphère et la surface de la Terre. A l'inverse, la plupart des aérosols, ces micropoussières en suspension dans l'air, renvoient le rayonnement solaire incident comme des micro-miroirs et refroidissent la Terre.

Le graphe ci-dessous montre les éléments qui participent au réchauffement de l'atmosphère (ozone O3, les GES) et ceux qui participent au refroidissement de l'atmosphère (les aérosols, les sulfates, les feux de forêts, etc)

Le forçage radiatif (en watt/m2) d'un constituant atmosphérique est l'énergie ajoutée (forçage positif) ou enlevée (forçage négatif) à la Terre du fait de sa présence dans l'atmosphère.

Les neiges réfléchissent environ 90% de la lumière solaire incidente et induisent un refroidissement des températures au sol. Cette réflexion appelée albédo va de 1 pour des couleurs blanches comme la neige à 0 pour un corps noir qui absorbe toute la lumière.

LES DEUX PHASES DU RECHAUFFEMENT CLIMATIQUE

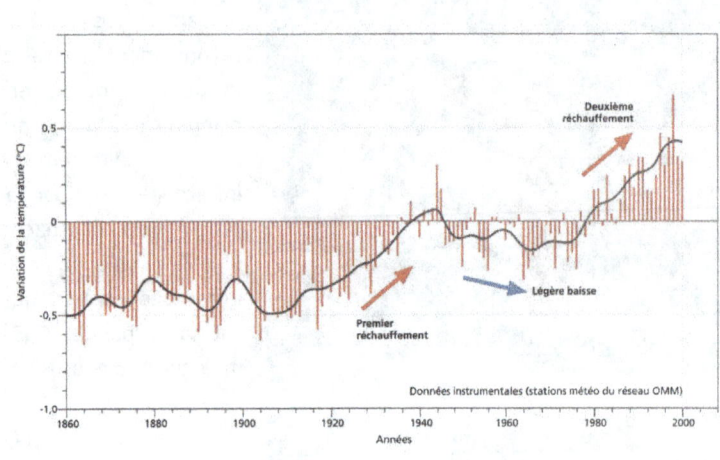

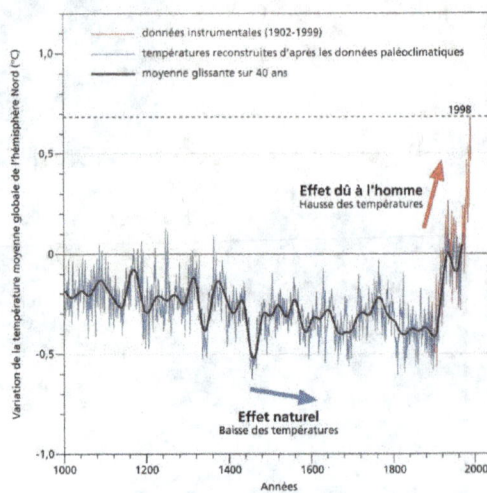

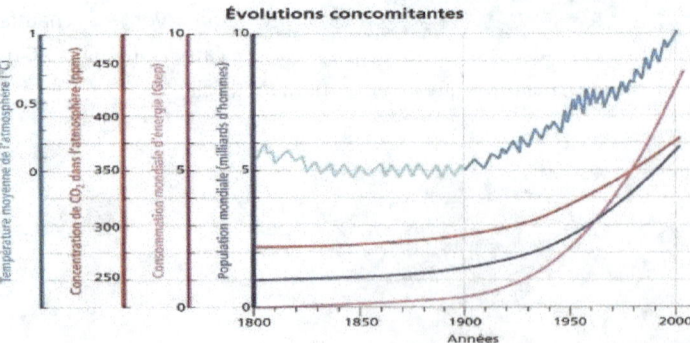

LIEN AVEC LA POPULATION ET LE DEVELOPPEMENT ECONOMIQUE (Source CEA CNRS METEO France Save 4 Planet)

Depuis 1850, époque où les centrales à charbon fournissaient l'énergie électrique pour l'ensemble des pays du monde, la température

a augmenté. Le premier réchauffement climatique s'est déroulé de 1900 à 1940. La légère baisse de la température enregistrée des années 50 à 70 est due à la baisse de l'ensoleillement (minimum du cycle solaire) qui est venue ralentir provisoirement le réchauffement.

L'évolution de la concentration en CO_2 suit fidèlement celle de la consommation mondiale en énergie, liée à l'augmentation de la population et au développement de l'activité économique.

Ce diagramme montre le lien étroit entre l'augmentation de la population (8 milliards en 2023) la consommation mondiale d'énergie (2 GTep en 1950, 8 GTep en 2000 et 15 GTep en 2022) et l'augmentation de la teneur en CO_2 dans l'atmosphère. La population a cru d'un facteur 3 alors que la consommation d'énergie a cru d'un facteur 7 sur la même période.

1GTep = 1 milliard de tonnes équivalent pétrole

Les pays émergents n'ayant pas fini leur développement économique, les pays développés devront faire des transferts de technologies non polluantes si l'on ne veut pas aggraver de façon irréversible le réchauffement climatique.

La résultante est l'augmentation de la teneur en CO_2, passant de 280 ppm (en 1850) à plus de 415ppm (en 2023) et l'élévation de la température mondiale de plus de 1,5°C. Ce taux de CO_2 n'avait pas été vu depuis plus de 800.000 ans.

280 ppm= 280 molécules de CO_2 pour 1 million de molécules d'air.

LA SIMULATION NUMERIQUE DU SYSTEME CLIMATIQUE

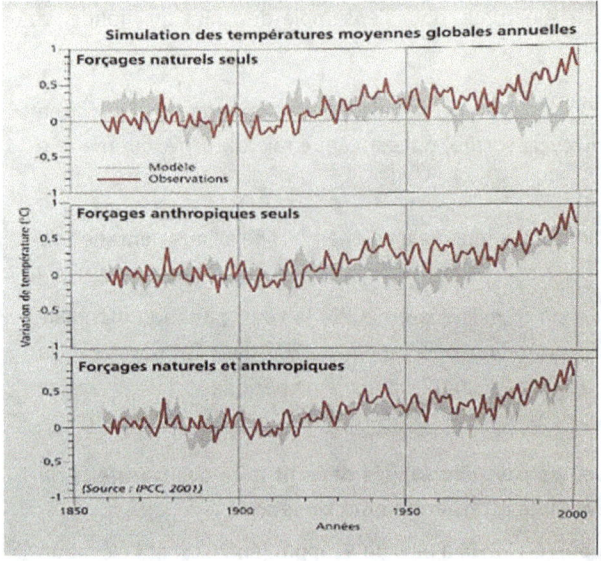

Pour prévoir les conséquences climatiques de l'effet de serre il est nécessaire de faire appel à des modèles mathématiques aussi proches que possible de la réalité. Ces modèles font appel à des disciplines aussi diverses que la physique au cours des années, la chimie, la biologie, la glaciologie, l'océanographie, la météorologie.

La résolution des équations mathématiques contenues dans les modèles climatiques nécessite une puissance de calcul considérable que seuls les superordinateurs peuvent réaliser (10 puissance 18 opérations par seconde soit un milliard de milliards d'opérations).

Les modèles développés par les chercheurs du climat se sont affinés au cours des années en prenant en compte l'environnement terrestre, l'hydrosphère, la lithosphère, la biosphère (animale et végétale) et l'atmosphère. Les modèles permettent à ce jour d'avoir une bonne corrélation avec les faits observés. L'Organisation Mondiale de la Météorologie(OMM) utilisent les données fondées sur les relevés climatologiques des stations d'observation et des réseaux maritimes mondiaux des navires et des bouées. Ces données sont également mises à jour par l'Administration américaine pour les océans et l'atmosphère (NOAA), le Goddard

Institute for Space Studies (GISS) de la NASA, le Centre Hadley du Service météorologique du Royaume-Uni et la Section de recherche sur le climat de l'Université d'East Anglia (données HadCRUT) et le groupe Berkeley Earth.

L'OMM a aussi recours aux données de ré-analyse émanant du Centre européen pour les prévisions météorologiques à moyen terme (CEPMMT) et de son service Copernicus de surveillance du changement climatique, ainsi que du Service météorologique japonais (JMA).

Il peut ainsi combiner des millions de données d'observation météorologique et océanique, y compris satellitaires, en alimentant un modèle météorologique pour obtenir une ré-analyse complète de l'atmosphère.

L'association des observations et des valeurs modélisées permet d'estimer les températures à tout moment, partout dans le monde, même dans les régions où le réseau d'observation est peu dense, comme au voisinage des pôles.

LES DIFFERENTS GAZ A EFFET DE SERRE ET LEUR ORIGINE

A la différence de la situation naturelle des GES pour laquelle les sources et les puits s'équilibrent (voir le bilan carbone) les émissions d'origines humaines constituent une source additionnelle qui n'a pas sa contrepartie en terme de puits. Ces émissions s'accumulent donc dans l'atmosphère provoquant l'augmentation observée des concentrations en GES.

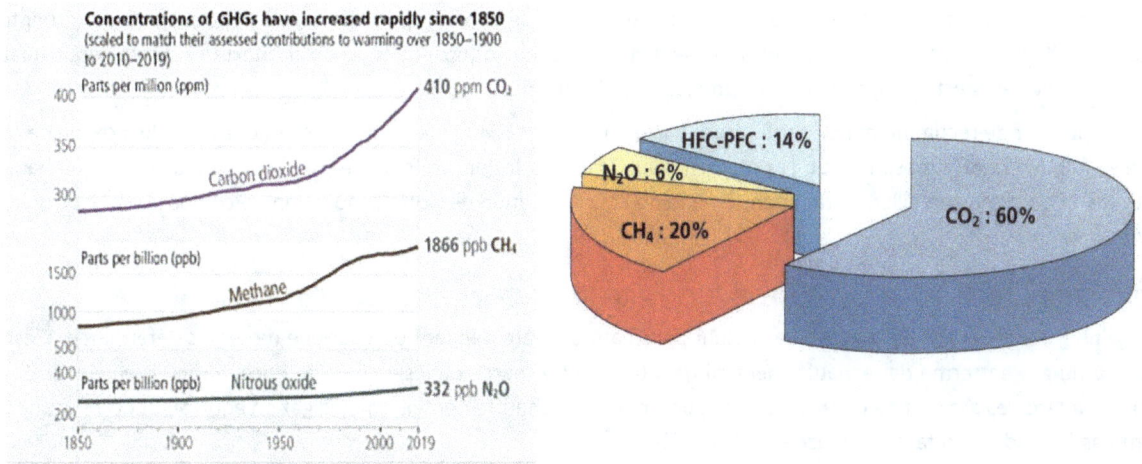

Le graphe ci-dessus donne les proportions en % des différents GES

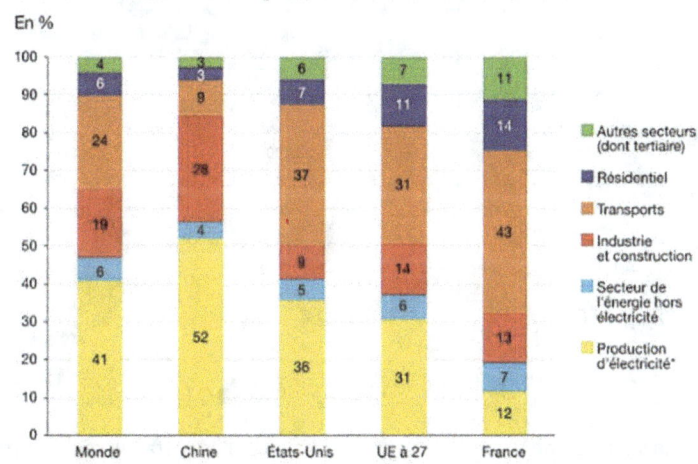

Le CO2 provient des combustibles fossiles (charbon, pétrole et gaz) utilisés dans l'industrie, le transport, le chauffage et les procédés industriels (cimenteries, sidérurgie, etc).

Le méthane CH4 provient de l'agriculture, de l'élevage, des rizières, des ruminants et des déchets organiques, des industries gazières (usines et gazoducs)

Le protoxyde d'azote N2O provient de l'agriculture, des engrais, des feux de biomasse, de l'industrie chimique (nylon, acide nitrique, etc), des transports (pot catalytique).

Les composés fluorés (HFC, CFC, PFC, SF6 et NF3) proviennent des industries, des produits manufacturés (réfrigérants, mousses) et de l'industrie électronique essentiellement pour le trifluorure d'azote NF3.

Les sept gaz à effet de serre retenu à Kyoto

Le dioxyde de carbone (CO2 - voir ci-dessous son évolution), (c'est la référence vis-à-vis des autres gaz), le méthane (CH4), le Protoxyde d'azote (oxyde nitreux) N20, les Hydrofluorocarbures (HFC), Les Perfluorocarbures. (PFC), L'Hexafluorure de soufre (SF6) et le Trifluorure d'azote (NF3).

NF3 : Ce dernier gaz a été ajouté à la liste des gaz à effet de serre en 2013 ; le NF3 a été utilisé dans le secteur industriel comme gaz de substitution aux PFC.

Le trifluorure d'azote (NF3) est un gaz utilisé dans la fabrication de composants électroniques (semi-conducteurs, panneaux solaires de nouvelle génération, téléviseurs à écran plat, écrans tactiles ou encore processeurs électroniques).

Ce gaz à effet de serre, dont la contribution anthropique fut considérée comme quasi-nulle à l'époque, n'a pas été intégré au protocole de Kyoto. Or certains scientifiques pensent que la teneur atmosphérique en trifluorure d'azote serait quatre fois supérieure aux valeurs estimées, en l'absence de mesures plus précises.

De plus, le pouvoir de réchauffement du trifluorure d'azote (NF3) est 17400 fois plus important que celui du dioxyde de carbone. Malgré sa faible teneur atmosphérique (1 ppt partie par trillion) le trifluorure d'azote (NF3) reste un acteur du réchauffement climatique, et un gaz à surveiller, notamment en vue de l'augmentation de notre production de composants électroniques ces dernières années.

LE POUVOIR DE RECHAUFFEMENT GLOBAL OU PRG (GWP Global Warming Potential)

Le PRG d'un gaz est sa capacité à garder la chaleur dans l'atmosphère pendant une période de temps déterminée. C'est en fait l'efficacité du gaz en terme de réchauffement climatique. Le CO2, parce qu'il sert de référence, a reçu la valeur de 1. Afin de pouvoir comparer les gaz entre eux, on convertit le potentiel de réchauffement de chaque gaz en **équivalent CO2** sur une période de cent ans (période de référence utilisée par le GIEC).

Le PRG est lié à la durée de vie des différentes espèces de l'atmosphère : quelques jours pour la vapeur d'eau, 12 ans pour le méthane, 120 ans pour le CO2, et jusqu'à 50 000 ans pour certains gaz fluorés.

Gaz à effet de serre	Formule	Potentiel de réchauffement global (PRG)
Dioxyde de carbone	CO_2	1
Méthane	CH_4	28
Protoxyde d'azote	N_2O	273
Hexafluorure de soufre	SF_6	25 200
Trifluorure d'azote	NF_3	17 400
Gaz fluorés	HFC, CFC, PFC	771 - 7 380

L'émission d'un kilo de méthane équivaut à l'émission de 28 kg de CO2.

L'émission d'un kilo de SF6 équivaut à 25200 kg de CO2.

Source GIEC

Si on regarde le PRG à 20 ans pour le méthane, sachant que sa durée de vie est de 12 ans il aura plus d'importance que sur 100 ans où une partie importante du méthane aura disparu (voir graphe ci-dessous) donc avec une moindre efficacité. Passage du PRG de 42 à 20.

LE BILAN CARBONE

La nature cherche à équilibrer les flux de carbone entre les quatre réservoirs que sont l'atmosphère, la biosphère, l'hydrosphère (mers et océans) et la lithosphère.

L'hydrosphère est un puits de carbone et absorbe annuellement 2 Gt (Gigatonne = 1 milliard de tonnes).

Les émissions humaines (dites anthropiques) ne représentent que 5 à 6 Gt/an par rapport aux différents stocks des réservoirs de quelques centaines à plusieurs milliers de Gt. Ceci montre la sensibilité de notre système physico-chimique et biologique.

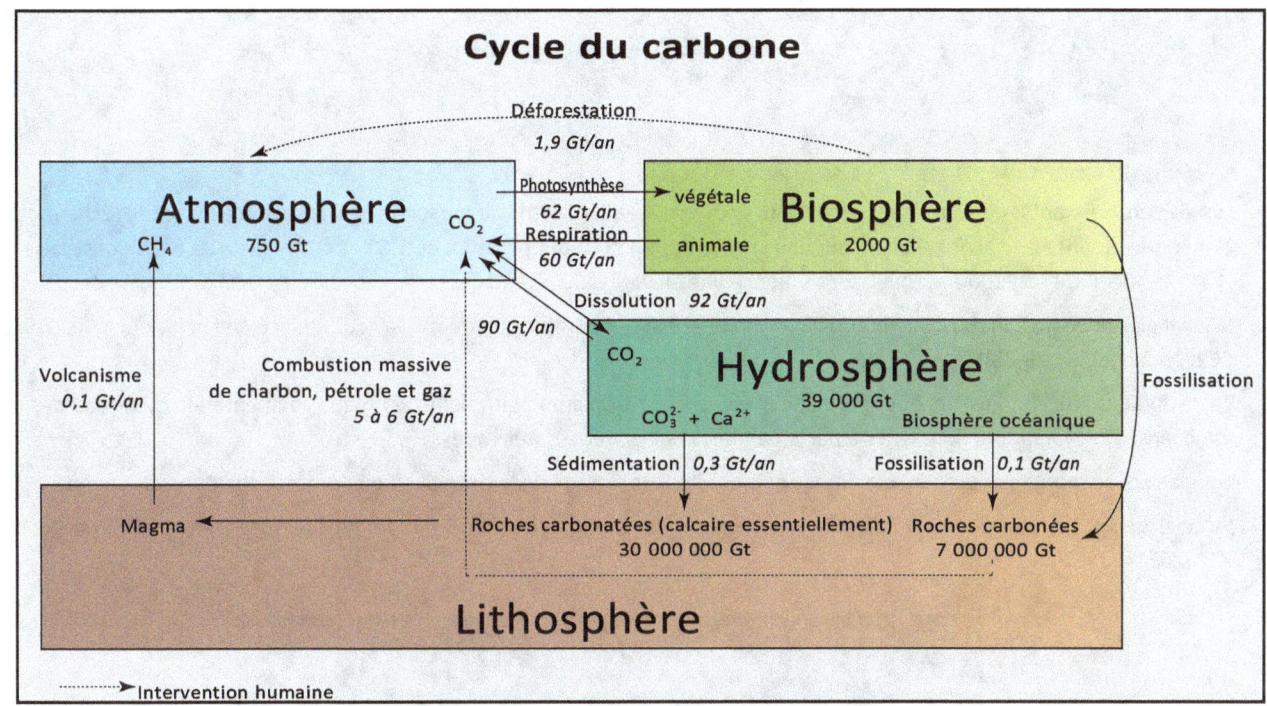

(Source GIEC 2023) en Gt (1 milliard de tonnes)

LE DEVENIR DES EMISSIONS ATMOSPHERIQUES DE CO2

Actuellement 46% des émissions de CO2 restent dans l'atmosphère, le reste est repris, à proportions à peu près égales, par la biomasse et les océans. De nombreuses études sont en cours pour mesurer les flux de carbone échangés entre les différents réservoirs l'atmosphère, la lithosphère l'hydrosphère et la biosphère.

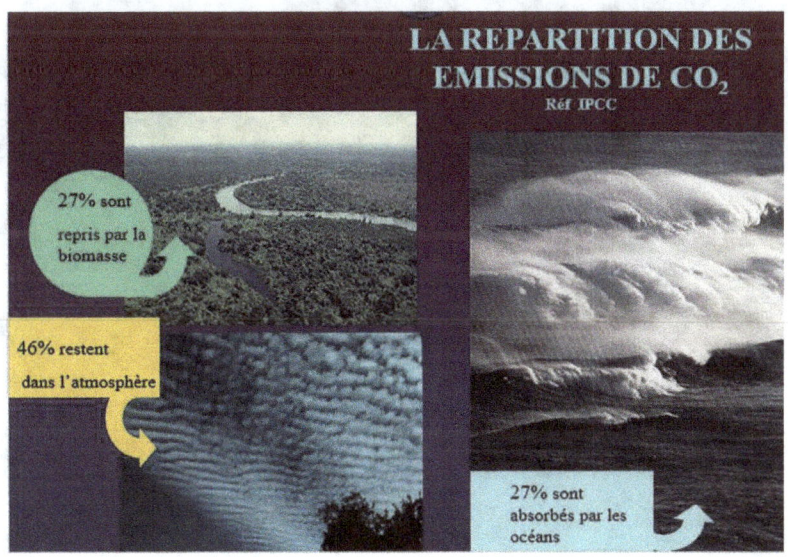

LES CONSEQUENCES DU RECHAUFFEMENT ET LEUR COUT

Le réchauffement en marche – La fonte des glaciers

Les glaciers de montagne sont une source d'eau pour presque 2 milliards de personnes qui sont menacés par le réchauffement climatique. Rounce and al ont évalué pour une augmentation de la température de 1,5°C à 4°C la perte de masse des glaciers de ¼ à la moitié d'ici l'an 2100 avec pour conséquence une élévation du niveau des mers et océans de 0,9m à 1,5m respectivement.

(Global glacier change in the 21st century: Every increase in temperature matters - David.R.Rounce and al (ScienceVol. 379, NO. 662705 Jan 2023 : 78-83))

Entre 2000 et 2019 les glaciers ont perdu une masse de 267 Gt par an équivalent à 21% de l'augmentation du niveau des mers et océans. Ces évaluations sont faites à partir de mesures d'archives satellitaires.

Les glaciers de montagne perdent davantage et plus vite leur masse que le Groenland ou l'Antarctique pris séparément

(Accelerated global glacier mass loss in the early twenty-first century, Romain Hugonnet and al. Nature volume 592, pages 726–731 (2021)

Dans les ALPES

En ISLANDE

Dans le monde, une perte de 9000 Gt de glace aurait fondue depuis les années 80 jusqu'à aujourd'hui. (Etude de l'université de Dundee et de l'université d'Islande associés avec des experts de l'Office météorologique islandais)

LA MODIFICATION DE LA CIRCULATION OCEANIQUE

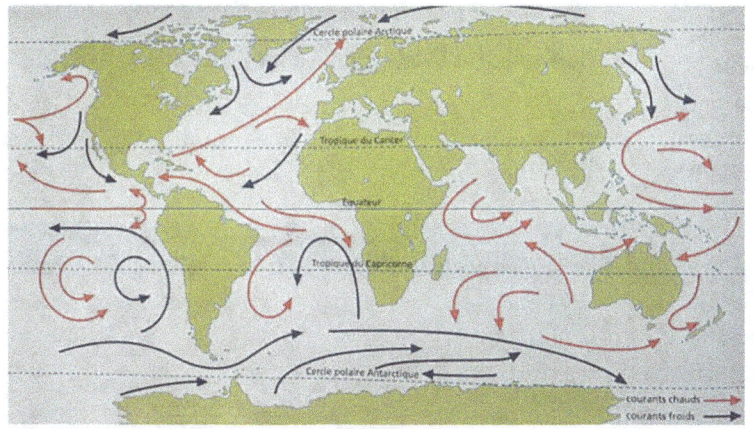

Le réchauffement climatique va augmenter la température des océans pendant plusieurs centaines d'années car le temps de mise à l'équilibre de l'océan profond est très lent.

La montée des eaux est principalement due à la dilatation des océans (51%). 50 cm d'élévation du niveau des océans est prévu en 2100 par les modèles.

La plongée des eaux froides (donc dense) de l'Atlantique Nord draine les eaux chaudes du Gulf Stream vers l'Europe du Nord.

Dans l'avenir, le réchauffement des eaux océaniques pourrait perturber ce phénomène et conduire au ralentissement du Gulf Stream.

LES EXTREMES CLIMATIQUES

Comme dans la santé, la prévention coûte moins chère que la réparation.

Les extrêmes climatiques sont des évènements météorologiques intenses : pluies torrentielles, ouragans, cyclones, vagues de chaleur, sécheresse, crues, etc. Ils ont des conséquences souvent dramatiques en terme sanitaire, d'infrastructure (destruction des routes, des ponts,…) mais également en terme d'immobilier (destruction des toitures, des maisons, des dépendances,…)

Le réchauffement climatique augmentera la fréquence d'apparition de certains extrêmes donnant lieu à des inondations de grande ampleur, des sécheresses graves, des tempêtes occasionnant des destructions du milieu naturel, coulée de boue, glissements de terrain, incendies de forêts, déracinement d'arbres,…

Les principales conclusions de l'OMM en octobre 2021: dans le monde entre 1970 et 2019 ont été recensées, plus de 11.000 catastrophes climatiques (soit une par jour en moyenne ces cinquante dernières années), causant un peu plus de 2 millions de morts et 3.640 milliards de dollars de dégâts matériels.

L'ouragan Ian a balayé le sud-est des Etats-Unis et l'ile de Cuba en septembre 2022 : les dégâts ont été estimés à 100 milliards de dollars.

LES CONSEQUENCES SANITAIRES

D'après l'OMS (oct 2021), l'effet de serre a une forte influence sur la santé à travers les éléments naturels, l'eau, la pureté de l'air mais aussi à travers les difficultés d'alimentation et de logement (due aux extrêmes climatiques, ouragan, crue…).

Les principaux faits sont :

- La détérioration de la qualité de l'air due à l'augmentation des températures qui favorise les allergies (asthme dû au pollen, acarien). Les périodes de pollinisation sont allongées et plus fortes. Le pourcentage de la population française touchée par des allergies au pollen a triplé en 25 ans.

- Les canicules engendrent une mortalité supplémentaire. Rappelons la canicule la plus meurtrière de 2003 en Europe qui a tué 70.000 personnes dont 15.000 en France. Ces canicules affectent en particulier les enfants et les personnes âgées. Entre 2030 et 2050, l'OMS prévoit près de 250 000 décès supplémentaires par an dans le monde, dus à la malnutrition, au paludisme, à la diarrhée et au stress lié à la chaleur.

- Le développement des maladies à vecteurs (paludisme, dengue, malaria, fièvre jaune), la propagation des virus et bactéries. Les épidémies et pandémies se propagent facilement avec les moyens de transport en affectant des millions de gens. Nous l'avons vu avec le SRAS en 2020 qui s'est propagé dans le monde entier.
- Le développement des maladies cardiovasculaires,
- L'impact des rayonnements UV sur la peau et les yeux,

D'après l'OMS, les coûts liés à ces dérives sanitaires se situeraient entre 2 et 4 milliards de dollars par an (agriculture, eau et assainissement).

La solution pour la santé réside dans la diminution des émissions de GES en faisant des choix opportuns dans le transport, dans la production pour l'alimentation et l'énergie.

Entre 2030 et 2050, 250 000 morts par an dû au changement climatique Crédit photo politiquedesante

Les 10 recommandations de la COP 26

1. **S'engager pour un relèvement sain.** S'engager pour un relèvement sain, écologique et équitable après la COVID-19.
2. **Notre santé n'est pas négociable.** Placer la santé et la justice sociale au cœur des négociations de l'ONU sur le climat.
3. **Exploiter les avantages de l'action climatique pour la santé.** Donner la priorité aux mesures de lutte contre les changements climatiques qui ont les plus grandes retombées sur les plans sanitaire, social et économique.
4. **Renforcer la résistance des systèmes de santé aux risques climatiques.** Mettre en place des systèmes et des établissements de santé résilients face aux changements climatiques et écologiquement durables, et contribuer à l'adaptation et la résilience en santé dans tous les secteurs.
5. **Créer des systèmes énergétiques qui protègent et améliorent le climat et la santé.** Opérer une transition équitable et inclusive vers les énergies renouvelables pour éviter les décès dus à la pollution de l'air, en particulier à la combustion du charbon. Mettre fin à la précarité énergétique dans les ménages et les établissements de santé.
6. **Réinventer les environnements urbains, les transports et la mobilité.** Promouvoir un urbanisme et des systèmes de transport durables et sains, qui font une meilleure utilisation des sols, donnent accès à des espaces publics verts et bleus, et privilégient la marche, le vélo et les transports publics.
7. **Protéger et réparer la nature, dont dépend notre santé.** Protéger et restaurer les systèmes naturels, qui sont à la base même d'une vie saine, de systèmes alimentaires et de moyens de subsistance durables.
8. **Promouvoir des systèmes alimentaires sains, durables et résilients.** Promouvoir une production alimentaire durable et résiliente de même qu'une alimentation nutritive et plus accessible économiquement qui ont une influence positive à la fois sur le climat et la santé.
9. **Financer un avenir plus sain, plus juste et plus écologique pour sauver des vies.** Passer à une économie du bien-être.
10. **Écouter la communauté sanitaire et préconiser une action climatique urgente.** Mobiliser la communauté sanitaire et la soutenir dans la lutte contre les changements climatiques.

DES PREVISIONS INQUIETANTES

- Acidification et montée des mers et océans (jusqu'à 25 cm jusqu'en 2023, 1m prévu en 2100),
- Modification de la biodiversité marine et terrestre,

- Augmentation en amplitude des phénomènes météorologiques extrêmes (feux de forêt, inondations, sécheresses, canicules, etc.),
- Pénurie alimentaire,
- Augmentation des migrations et de la pauvreté en particulier dans les zones intertropicales,
- Santé : transport des maladies virale.

LE COUT DU RECHAUFFEMENT CLIMATIQUE

Le dérèglement climatique en France : le coût de l'adaptation a été évalué pour la première fois : L'Institut de l'économie pour le climat liste dix-huit mesures incontournables, représentant un budget additionnel de 2,3 milliards d'euros par an, pour « rattraper les retards accumulés ».

Au Royaume-Uni des chercheurs de l'université de Warwick*, estiment que l'inaction climatique coutera entre 10.000 et 50.000 milliards de dollars au cours des 200 prochaines années ! Soit entre 50 et 250 milliards de dollars par an (40 et 210 milliards d'euros).

Temperature variability implies greater economic damages from climate change Raphael Calel,, Sandra C. Chapman, David A. Stainforth, Nicholas W. Watkins (Nature Communications volume 11, Article number: 5028 (2020))

Le changement climatique viendra accroître les inégalités entre les classes populaires et les plus aisées.

Les économistes restent néanmoins optimistes sur le développement rapide des énergies propres. Ils estiment que plus de 50 % du bouquet énergétique mondial sera constitué de technologies à émissions nulles d'ici 2050, contre environ 10 % actuellement. (Source AFP)

Le coût des catastrophes naturelles mondiales pour le géant suisse de la réassurance Swiss Re a atteint 115 milliards de dollars en 2022 dû à l'ouragan Ian. Cette tempête, l'une des plus puissantes aux Etats Unis et à Cuba a provoqué d'importants dégâts générant à lui seul la moitié des pertes assurées pour un montant estimé entre 50 et 65 milliards de dollars selon Swiss Re.

2022 est la deuxième année consécutive au cours de laquelle le total des pertes assurées a dépassé les 100 milliards de dollars. Durant les dix dernières années cette tendance suit une progression annuelle moyenne de 5 à 7%.

« Le développement urbain, l'accumulation de richesses dans les zones sujettes aux catastrophes, l'inflation et le changement climatique sont des facteurs clés, qui transforment les conditions météorologiques extrêmes en pertes qui ne cessent d'augmenter » a expliqué Martin Bertogg responsable des risques et catastrophes chez Swiss Re.

D'après un rapport d'une ONG britannique, les dix catastrophes naturelles les plus coûteuses ont entraîné au moins 150 milliards de dollars de dégâts, dépassant le chiffre de 2019 et reflétant l'impact à long terme du réchauffement climatique. En Europe, les tempêtes Ciara et Alex ont été les plus lourdes.

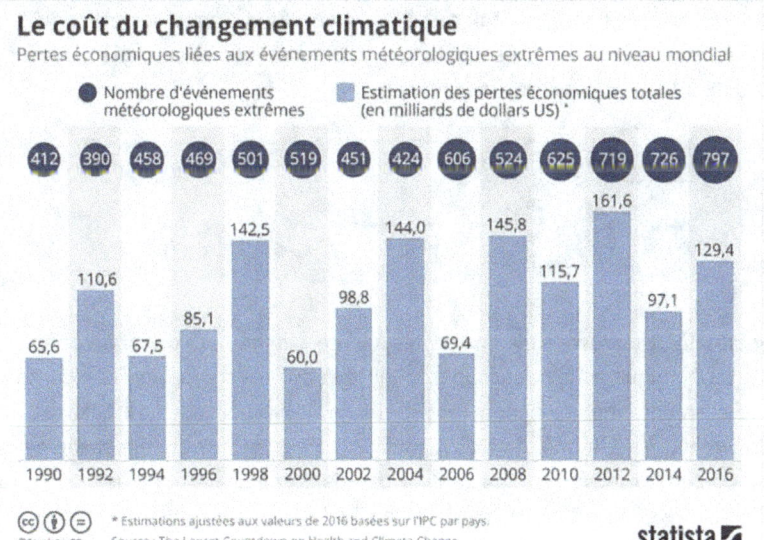

LES CATASTROPHES CLIMATIQUES DRAMATIQUES : *Les huit catastrophes climatiques les plus coûteuses en 2022 :*

. Les inondations dans l'est de l'Australie entre février et mars, avec 27 morts, plus de 60.000 déplacés et au moins 7,5 milliards de dollars ;

• Les inondations en Afrique du Sud avec 459 morts, plus de 40.000 déplacés et au moins 3 milliards de dollars ;

• Les inondations en Chine entre juin et septembre avec 239 déplacés et plus de 12,3 milliards de dollars ;

• La sécheresse estivale en Europe avec plus de 20 milliards de dollars ;

• L'ouragan Fiona, un cyclone tropical qui a balayé les Caraïbes et le Canada en septembre, faisant au moins 25 morts, 13.000 déplacés et plus de 3 milliards de dollars

• La sécheresse au Brésil tout au long de l'année, avec plus de 4 milliards de dollars ;

• La sécheresse en Chine tout au long de l'année, avec plus de 8,4 milliards de dollars.

EN 2023

• New Delhi, le nord de l'Inde et le Pakistan sont écrasés, depuis mars 2022, par une vague de chaleur exceptionnelle. La capitale indienne a enregistré un record historique de 49,2 °C.

La canicule qui a frappé l'inde et le Pakistan en mars 2022 va devenir la norme.

• L'Espagne suffoque de nouveau en 2023, avec des températures qui ont parfois dépassé les 44 degrés et « anormalement hautes » pour la saison, a observé l'agence météorologique nationale (Aemet).

• Le mercure a notamment dépassé les 44 degrés (mesures Aemet) en juillet dans plusieurs villes des provinces andalouses de Cordoue et Jaen dans le sud du pays, au premier jour de la troisième vague de chaleur de l'été en Espagne. Des températures de 5 à 10°C au-dessus de la moyenne.

LE MESSAGE DE L'ORGANISATION METEOROLOGIQUE MONDIAL

« En 2022, nous avons été confrontés à un certain nombre de catastrophes météorologiques dramatiques dont le bilan humain et économique a été beaucoup trop lourd et qui ont compromis la sécurité et les infrastructures dans les secteurs de la santé, de l'alimentation, de l'énergie et de l'eau. De vastes zones du Pakistan ont été inondées, entraînant d'importantes pertes économiques et humaines. Des vagues de chaleur records ont été observées en Chine, en Europe, ainsi qu'en Amérique du Nord et du Sud. La sécheresse qui perdure dans la Corne de l'Afrique risque de provoquer une catastrophe humanitaire, a déclaré le Secrétaire général de l'OMM, M. Petteri Taalas.

Le réchauffement de la planète et les autres tendances à long terme du changement climatique devraient se poursuivre en raison des niveaux records de gaz à effet de serre présents dans l'atmosphère. **Selon le rapport provisoire de l'OMM sur l'état du climat mondial pour l'année 2022**, des vagues de chaleur extrêmes, des épisodes de sécheresse et des inondations dévastatrices ont touché des millions de personnes et entraîné des pertes économiques se chiffrant en milliards de dollars des États Unis. Fin décembre, de violentes tempêtes se sont abattues sur de vastes zones de l'Amérique du Nord. Des vents violents, de fortes chutes de neige et des températures basses ont provoqué des perturbations généralisées à l'est du continent, tandis que l'ouest était touché par de fortes pluies, d'importantes chutes de neige en montagne et des inondations.

«Il est nécessaire d'améliorer la préparation à ce type de phénomènes extrêmes et d'atteindre l'objectif des Nations Unies consistant à faire bénéficier tous les habitants de la planète de systèmes d'alerte précoce d'ici cinq ans», a ajouté M. Taalas. Aujourd'hui, seule la moitié des 193 États Membres dispose de services d'alerte précoce dignes de ce nom, ce qui aggrave les bilans économique et humain. Il existe en outre de grandes carences dans les observations météorologiques de base en Afrique et dans les États insulaires, ce qui nuit gravement à la qualité des prévisions du temps.

LES IMPACTS EN FRANCE

Les impacts physico-chimiques et biologique vont perturber les conditions hydrologiques et météorologiques (cycle de l'eau, accentuation des sécheresses ou des épisodes de pluies diluviennes, etc.) et vont modifier les écosystèmes (feux de forêts, modification des dates des vendanges, évolution des dates de migrations de certains oiseaux, acidification des océans et dégradation des récifs coralliens, etc.).

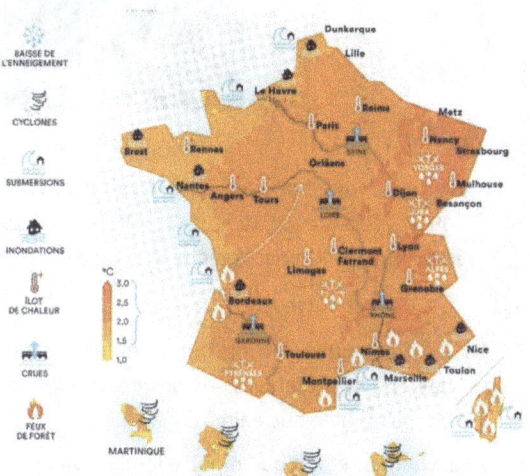

Ces modifications climatiques affectent et affecteront les sociétés humaines et l'économie dans des domaines comme : - la santé (62 % de la population française est estimée exposée de façon forte aux risques climatiques),

- le tourisme (diminution de l'enneigement)

- l'agriculture (contribution à la stagnation des rendements de blé)

Source : SDES - Observatoire national des effets du réchauffement climatique

La montée des eaux expose les aménagements urbains du littoral au risque de submersion ou d'érosion côtière. (Inondation des deltas (Camargue)) L'érosion des plages et des falaises, la salinisation des nappes phréatiques sur le littoral, sont autant de conséquences du réchauffement climatique.

Ces risques sont accentués par la recrudescence des sécheresses provoquées par le changement climatique.

LES DIFFERENTS POLLUEURS RESPONSABLES DES EMISSIONS MONDIALES DE GES

L'Amérique du Nord, Etats Unis et Canada, ont une économie développée avec une demande énergétique élevée basée sur la consommation d'énergies fossiles (pétrole, gaz naturel et charbon) pour l'industrie, la production électrique et les transports. Par ailleurs la superficie de ces pays est telle que la dépendance à l'automobile est forte.

- Les grosses industries manufacturières (acier, papier, ciment, aluminium) sont énergivores et émettent de grosses quantités de CO2éq.
- L'utilisation généralisée de la climatisation dans l'habitat est également une source énergivore productrice de GES.
- A l'opposé, les BRICS (Brésil, Russie, Inde, Chine et Afrique du Sud) et l'Afrique ont des économies basées sur une demande énergétique faible (hormis la Chine) produisant des quantités de CO2éq plus faibles.
- La Chine utilisant à plus de 60% le charbon pour produire son électricité est le plus gros émetteur mondial de CO2.

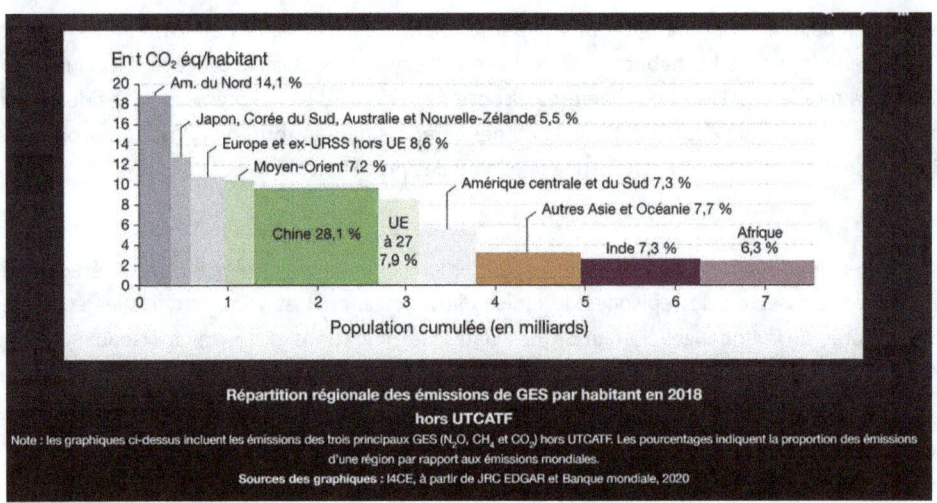

Répartition régionale des émissions de GES par habitant en 2018 hors UTCATF

Note : les graphiques ci-dessus incluent les émissions des trois principaux GES (N_2O, CH_4 et CO_2) hors UTCATF. Les pourcentages indiquent la proportion des émissions d'une région par rapport aux émissions mondiales.
Sources des graphiques : I4CE, à partir de JRC EDGAR et Banque mondiale, 2020

Les émissions mondiales de gaz à effet de serre ont augmenté de plus de 80 % depuis 1970 et de 45 % depuis 1990, pour atteindre 49 Gt CO2 éq en 2010 et 59,1 Gt CO2 éq en 2019 (*UN Environnent – Emissions Gap Report 2020 ;* données incluant les émissions de GES liées au changement d'usage des sols.)

Un constat accablant !

Les graphiques suivants montrent les productions des énergies primaires charbon, pétrole et gaz ainsi que les consommations des énergies primaires et des énergies vertes (ne produisant pas de gaz à effet de serre) comme l'hydraulique, l'éolien, la biomasse et le nucléaire.

Le dernier graphique montre les consommations des énergies par zone géographique.

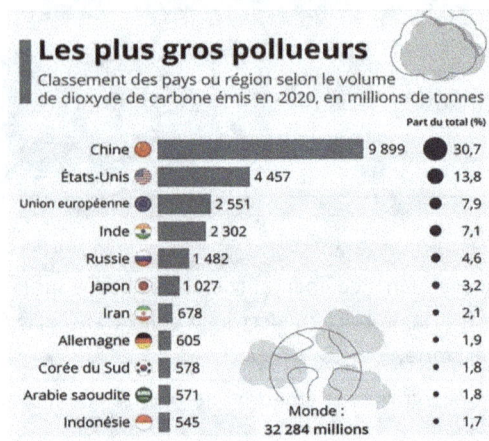

Ces graphiques montrent clairement une production des énergies primaires continument croissante liée à une consommation de ces énergies continument croissantes en particulier des pays émergents comme la Chine, les pays asiatiques et à moindre évolution l'Afrique.

Les millions de tonnes de GES ne feront qu'augmenter dans l'atmosphère aggravant une situation déjà préoccupante.

Ce ne sont pas les énergies renouvelables qui régleront le problème sachant que la production des énergies primaires représente encore 86% des énergies produites et les énergies renouvelables 14% en 2020.

Production mondiale de charbon de 2010 à 2018 (Statistica)

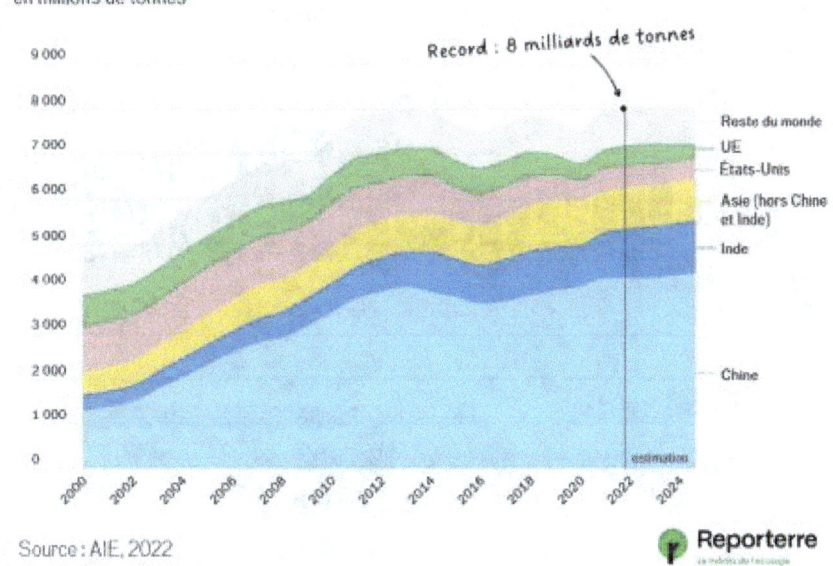

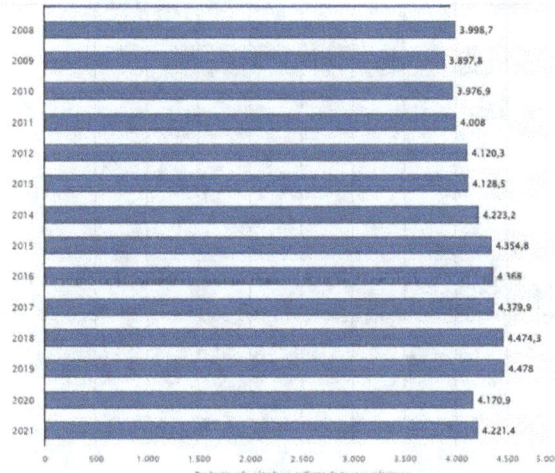

PRODUCTION MONDIALE DE GAZ ENTRE 1998 ET 2018

Statistica présente la production mondiale totale de gaz naturel entre 1998 et 2018. En 1998, la production de gaz naturel représentait environ 2,27 billions de mètres cubes. La part du gaz naturel dans les sources d'énergie devrait augmenter. La Russie, les États-Unis et l'Iran comptent parmi les principaux producteurs mondiaux de gaz naturel.

PRODUCTION MONDIALE DE GAZ NATUREL 1998-2018 (STATISTICA)

Production mondiale de gaz naturel entre 1998 et 2018 (en milliards de mètres cubes)

Les dix plus grands producteurs de gaz naturel dans le monde en m3

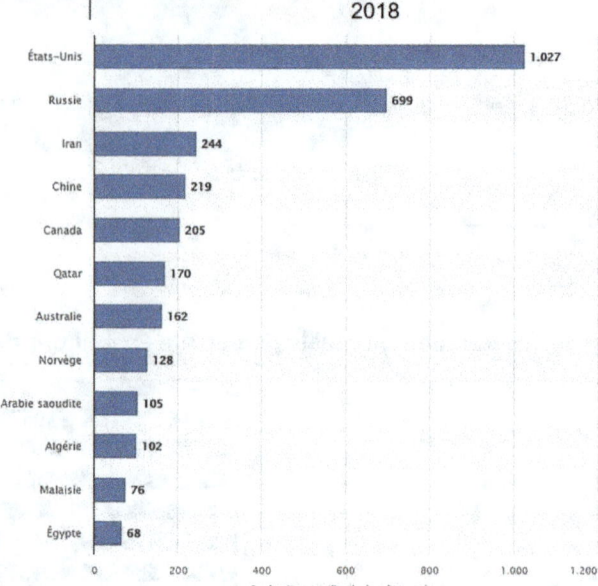

La consommation mondiale d'énergie primaire ne fait que croitre et on ne voit pas comment dans les 20 prochaines années il y aura une décroissance sachant que l'Afrique, l'Inde et la Chine seront toujours en développement économique croissant.

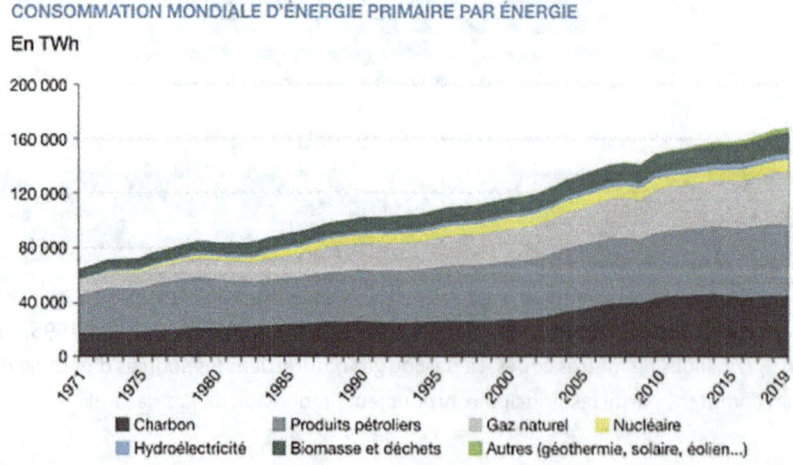

RÉPARTITION SECTORIELLE DES ÉMISSIONS DE CO2 DANS LE MONDE

Le graphique ci-dessous montre clairement la croissance des pays émergents tels l'Inde, l'Afrique et la Chine qui continueront à consommer des combustibles fossiles, fournisseurs d'énergie à moindre coût. La capture du CO2 à la consommation de ces combustibles fossiles est une des réponses à la maîtrise des rejets des GES. De plus ces usines de capture de CO2 existent (au Japon, en Suède et aux USA, mais elles doublent le prix du combustible.

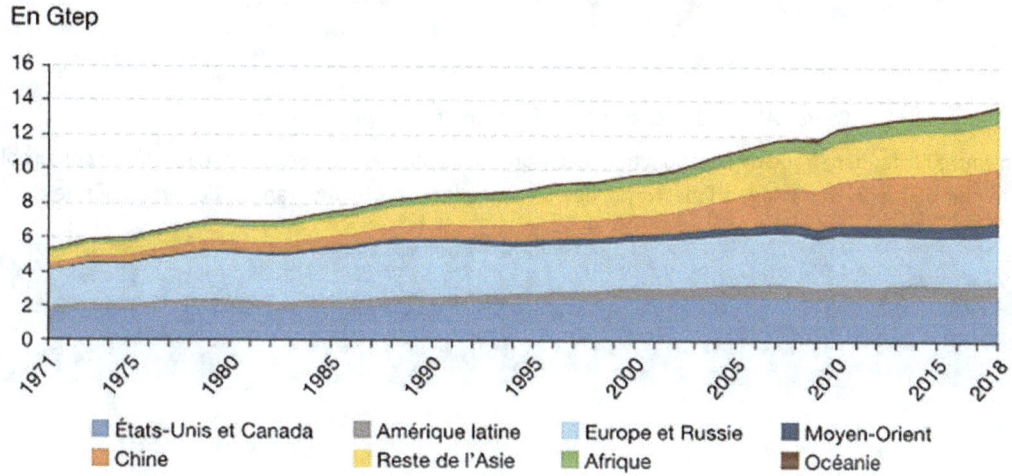

Source : calculs SDES, d'après les données de l'AIE

La consommation mondiale d'énergie primaire s'élève 14,3 Gtep en 2018. C'est deux fois plus qu'en 1978 (7,0 Gtep), soit une croissance annuelle moyenne de 1,8 % avec un léger ralentissement sur la dernière décennie (+ 1,5 %).

En Asie, le rythme de croissance moyen annuel entre 1978 et 2018 est très élevé (+ 3,7 %). L'Asie représente 41 % de la consommation mondiale en 2018, contre 20 % 40 ans auparavant. Malgré un ralentissement de la croissance depuis 2013, la Chine, à elle seule, est passée de 8 % à 22 % de la consommation mondiale sur cette période.

41% des émissions sont produits par la production d'électricité dus à la combustion d'énergie. Le transport représente pratiquement 25% des émissions monde de CO2 suivi de l'industrie et la construction avec 19% d'émissions de CO2.

Ce sont les trois grands secteurs pollueurs en gaz à effet de serre, Production Electrique - Transport – Industrie.

Ces chiffres varient d'un pays à l'autre en fonction de leur ressource nationale comme en Chine où le charbon prédomine à 62% et les Etats-Unis où domine le pétrole et gaz de schiste. Le Brésil ayant de grosse ressources hydrauliques assurait 64% de son électricité avec cette énergie renouvelable.

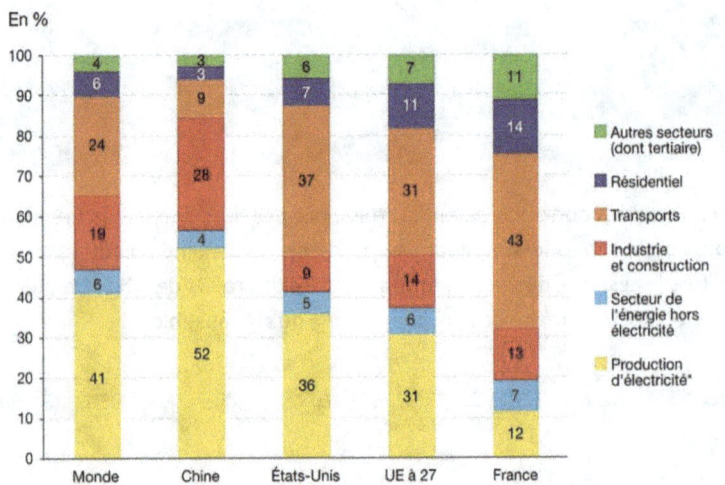

Source AIE 2021 (y compris cogénération et autoproduction)

Cet histogramme montre l'effet bénéfique de la production électrique via le nucléaire en France qui doit régler son problème de transport secteur le plus pollueur. Le passage à l'électrique devrait résoudre le problème français des émissions de GES

LES EMISSIONS DE GES EN EUROPE
(2019, en tCO2/habitant)

L'indicateur mesure les émissions de GES dans chaque Etat membre en tonnes équivalent CO2éq (tCO2), incluant l'aviation et excluant l'utilisation des terres, qui fait l'objet d'une comptabilité à part.

On remarquera que la France, un des grands pays d'Europe, par sa population et son développement économique, est le pays émettant le moins de CO2 par habitant. Les choix politiques des 50 dernières années montrent que déjà le mixte énergétique choisi (nucléaire et hydraulique) a permis de préserver l'environnement en particulier de réduire nos émissions de GES.

L'Allemagne, pays de près de 84 millions d'habitants, émet presque 50% de plus de CO2éq/hab. que la France. Le choix du mix énergétique est important en particulier dans les énergies renouvelables. Mieux vaut développer de l'énergie hydraulique et de l'énergie bois que de l'éolien terrestre bien moins rentable et éviter les combustibles fossiles comme le charbon.

Le Luxembourg est le premier émetteur de CO2éq/ hab. car le pays est limité géographiquement avec une forte population dont plus de 50% des émissions sont dues au transport.

EN France *Source : Eurostat*

En France sur la période 1990-2019 les émissions de GES ont baissé de 20%. Cette baisse est en partie due au secteur de l'énergie (-6%), de l'industrie manufacturière (-4%) ainsi que le résidentiel et tertiaire (-3%).

La France se différencie par rapport à l'Europe car ses émissions provenant de l'énergie dans la production électrique sont fortement diminuées en raison de l'utilisation du nucléaire.

Le transport reste le premier secteur au niveau des émissions de GES. Ce secteur dans les prochaines années devrait fortement baisser avec les véhicules hybrides et l'arrivée des véhicules électriques.

La construction de 6 réacteurs nucléaires décidée par le gouvernement en 2024 renforce le mix énergétique avec la construction d'éoliennes offshore qui semble mieux adapter que l'éolien terrestre. En effet le vent est continu et régulier en mer assurant un rendement bien supérieur à l'éolien terrestre (22%) et produit 60% d'énergie en plus (source EDF).

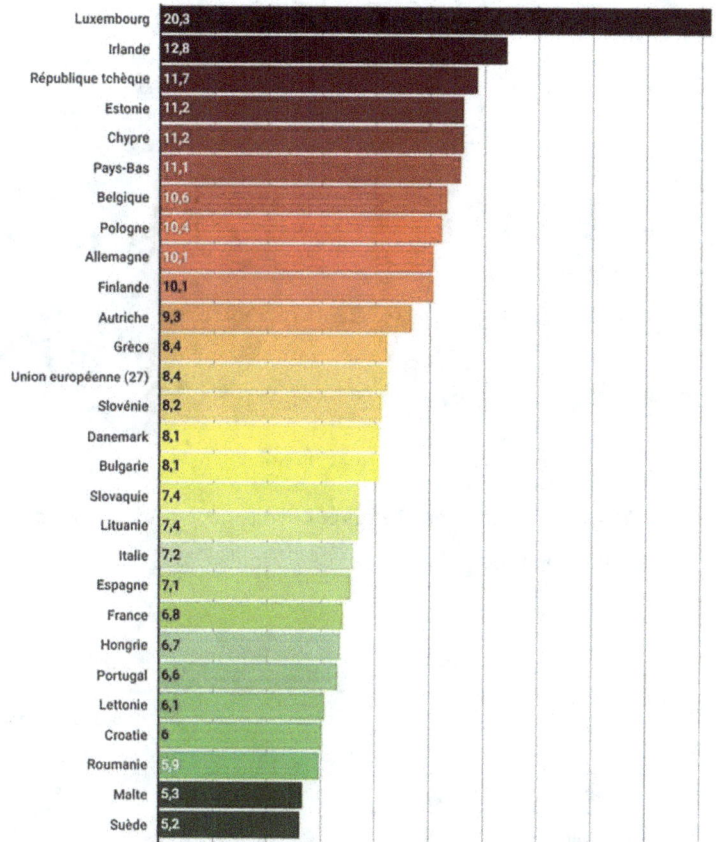

Le développement de centrales au bois comme l'a préconisé l'ADEME est aussi intéressant, la France ayant la 3ème plus grande forêt en Europe. L'énergie bois est à bilan CO2 nul mais les arbres consomment beaucoup d'eau (entre 200 et 500 litres par jour) qui seraient utiles en cas de sécheresse.

En 2018, les émissions françaises (Inventaire CCNUCC-Périmètre Kyoto) pour l'ensemble des sept gaz s'élèvent à 445 millions de tonnes équivalent CO_2, hors puits de carbone (stockage de carbone par les océans, la végétation et les sols, utilisation des terres, leur changement et la forêt, qui représentent 26 millions de tonnes de CO_2 eq. Stockées en 2019). Elles sont en baisse de près de 19 % par rapport à leur niveau de 1990, soit une réduction moyenne annuelle sur la période de 0,7 %.

Pour atteindre les objectifs d'une réduction de 40 % des émissions en 2030 par rapport à 1990, il faudrait qu'à partir de 2020 la France réduise ses émissions de GES de 2,6 % par an. La neutralité carbone en 2050 sera effective si les émissions diminuent de 5,7 %/an entre 2020 et 2050 (et que la capacité des puits soit en même temps augmentée).

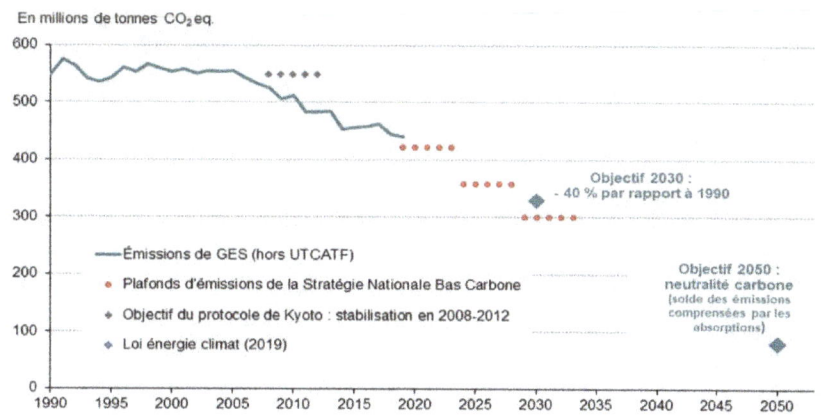

France métropolitaine et Outre-mer de l'UE (périmètre protocole de Kyoto) Source : CITEPA, inventaire format SECTEN 2020 ; MTE 2020 Légifrance

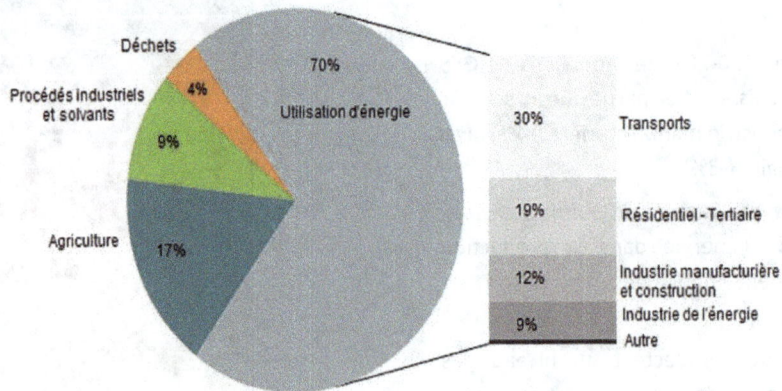

UTCATF : Utilisation des Terres et Changement d'Affectation des Terres et Foresterie CITEPA (2020)

Les prévisions de réduction des GES jusqu'en 2033 montrent un effort croissant des entreprises quel que soit le secteur.

	2e budget carbone (2019-2023)	3e budget carbone (2024-2028)	4e budget carbone (2029-2033)
Transports	128	112	94
Bâtiment	78	60	43
Agricultue/sylviculture (hors UTCATF)	82	77	72
Industrie	72	62	51
Production d'énergie	48	35	30
Déchets	14	12	10
Tous secteurs confondus (hors UTCATF)	422	359	300
Tous domaines d'activité confondus (avec UTCATF)	383	320	258
	Émissions annuelles moyennes pour la période (en Mt de CO2 éq)		

ÉMISSIONS DE GES EN FRANCE EN 2019 ET 2020

Source	Années	CO_2	CH_4	N_2O	Gaz fluorés	Total
Utilisation d'énergie	1990	350,7	12,4	3,4	0,0	368,5
	2019	291,2	2,3	3,4	0,0	297,0
Procédés industriels	1990	42,8	0,2	23,8	11,8	78,7
	2019	31,5	0,1	0,9	15,2	47,7
Agriculture	1990	1,9	42,2	37,3	0,0	81,4
	2019	2,1	37,5	33,6	0,0	73,2
Déchets	1990	2,2	14,3	0,9	0,0	17,5
	2019	1,4	16,1	0,7	0,0	18,1
Total hors UTCATF	**1990**	**397,7**	**69,2**	**65,4**	**11,8**	**544,0**
	2019	**326,2**	**56,0**	**38,7**	**15,2**	**436,0**
	2020	**287,2**	**55,7**	**38,2**	**14,6**	**395,7**
UTCATF	1990	-26,1	1,0	3,2	0,0	-21,9
	2019	-35,1	1,2	3,1	0,0	-30,7
TOTAL	1990	371,5	70,2	68,6	11,8	522,1
	2019	291,1	57,2	41,8	15,2	405,3
	2020	252,1	56,9	41,3	14,6	364,9

En Mt CO_2 éq

Champ : sauf mention contraire, dans l'ensemble de ce document, les émissions en « France » correspondent au périmètre du Protocole de Kyoto, métropole et outre-mer inclus dans l'U.E. (Guadeloupe, Guyane, La Réunion, Martinique, Mayotte et Saint-Martin). Note : les données 2020 sont une estimation préliminaire. Source : Citepa, 2021

Ce tableau montre l'évolution des émissions des GES entre 1990 et 2019.

On constate que les grosses industries ont anticipé la réduction des GES.

Ceci est moins vrai dans l'agriculture ou les TPE et PME ont plus de difficulté à anticiper, les financements étant plus difficiles à trouver. Des efforts ont été faits pour le méthane et le protoxyde d'azote.

LES SOLUTIONS

Les 3 grands axes pour réaliser la stabilisation du CO2 (World Energy Council et IPCC)

La maitrise de l'énergie est un objectif ambitieux mais difficile sachant que la croissance économique entraine un enrichissement de la population et donc des dépenses énergétiques supplémentaires (consommation de biens et services, voyages, etc)

La capture et la séquestration du carbone sont des solutions limitées mais indispensables et à développer très rapidement

Le mixte énergétique doit fournir la grosse part de la réduction des GES. Pour cela il faut mobiliser l'ensemble des filières non émettrices de CO2

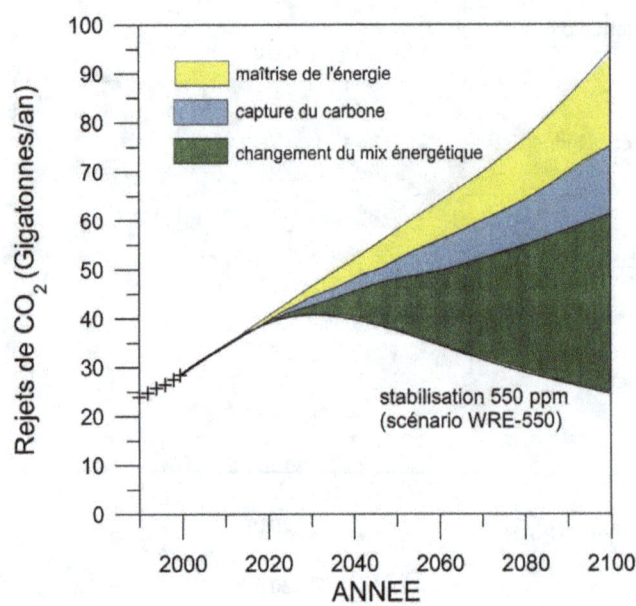

LA MAITRISE DE L'ENERGIE

Elle consiste à trouver des solutions où l'on consomme mieux en dépensant moins d'énergie.

Chaque individu peut contribuer à réduire sa consommation d'énergie en roulant moins vite, en éteignant les lumières inutiles, en isolant son habitation.

Dans l'habitat, l'amélioration de l'isolation thermique et l'utilisation d'équipements ménagers sobres en énergie concourent efficacement à la maîtrise de l'énergie.

Dans l'industrie l'amélioration des procédés de fabrication permet d'économiser l'énergie.

L'allégement des véhicules (nouveaux matériaux) et le passage au moteur électrique permettra également de réduire fortement nos émissions de GES.

Normaliser, réglementer et taxer sont les axes retenus par de nombreux gouvernements.

LES PUITS DE CARBONE – LA BIOMASSE ET LES OCEANS

LA BIOMASSE

Les écosystèmes participent naturellement au piégeage du CO2. Sur les 40 milliards de tonnes de CO2 émises chaque année dans le monde, la moitié reste dans l'atmosphère, l'autre moitié est absorbée à part à peu près égale par l'océan et la végétation terrestre. Un moyen de réduire l'impact des rejets de CO2 consisterait donc à favoriser ces puits de carbone.

La croissance des végétaux est assurée par la photosynthèse qui capte le CO2 de l'air. Ainsi, le premier grand puits naturel de carbone est constitué par la végétation (forêts, prairie, etc). Les forêts représentent un stock de carbone très important. Préserver la forêt et la développer participe à la lutte contre l'effet de serre.

Pour l'instant, c'est plutôt la déforestation qui se poursuit au rythme de 1,6% par an en moyenne mondiale responsable de l'émission de 1,6 milliards de tonnes de carbone par an.

La conversion des terres vierges en terres agricoles a engendré dans le passé un déstockage du carbone initialement enfoui dans les sols de l'ordre de 30 tonnes de carbone à l'hectare soit environ 60 milliards de tonnes de carbone en flux cumulé.

Les scientifiques estiment que l'optimisation des pratiques agricoles serait susceptible de restaurer environ 50% de ce stock de carbone.

La compréhension de la dynamique des écosystèmes, de son rôle dans le bilan du carbone et de son évolution face au changement climatique est un domaine de recherche prioritaire.

Il faut également rappeler que les puits de carbone que l'on peut générer dans la biosphère continentale sont réversibles et qu'une fois le carbone stocké, il faut prendre les mesures appropriées pour en assurer la conservation à long terme ou pour son utilisation énergétique en lieu et place de combustibles fossiles.

L'ordre de grandeur du potentiel additionnel maximum de séquestration du carbone par les écosystèmes continentaux serait de 200 Gt de carbone par :

- L'amélioration des pratiques agricoles et sylvicoles permettrait de gagner 80 Gt de carbone (Terres cultivées 30, Prairies 20, Forêts 30)

Le changement d'affectation des sols permettrait de gagner 120 Gt de carbone (restauration des sols dégradés 12, restauration des zones humides 10, conversion des sols agricoles en prairie 11, reforestation 87)

LE CAPTAGE DU CO2 PAR LES ARBRES EN FRANCE

Il est intéressant de connaitre la quantité de CO2 stocké dans nos forêts et de voir si ce réservoir a un intérêt en terme de capture de CO2.

La capacité de stockage de carbone n'est pas la même pour toutes les essences d'arbres.

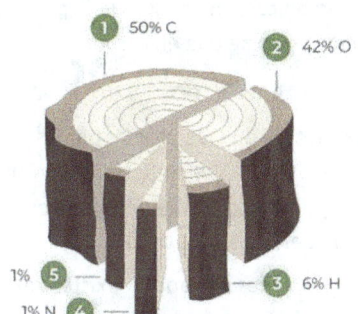

La masse volumique de chaque arbre est différente et varie de quelques centaines de kilos/m3 jusqu'à 1400 kg/m3 pour de l'ébène. Par contre la composition chimique du bois varie peu selon les essences et se compose de cellulose (50 à 80% du bois) avec 50 % de carbone, 42 % d'oxygène, 6 % d'hydrogène, 1 % d'azote, 1 % de matières minérales comme le montre le schéma ci-contre. (site ECOTREE)

En prenant un arbre d'une tonne dont l'humidité est de 100 %, il sera composé de 500 kg d'eau et de 500 kg de bois sec. Sur les 500 kg de bois sec, un peu moins de la moitié (47,5 %) est composée de carbone, ce qui représente 237,5 kg de carbone. Pour fabriquer ce carbone, l'arbre a ainsi absorbé 237,5 x 3,67 = 871,625 kg de CO2. Un âge moyen de 35 ans est estimé compte tenu de sa taille, ses cernes, ses racines, (ECOTREE).

Cet arbre aura stocké 25kg de CO2 par an

La forêt française héberge environ 11,5 milliards d'arbres (inventaire forestier- IGN) Théoriquement la forêt

française a stocké 25kg x 11,5 milliards = 287,5 Gt CO2.

En fait avec la plantation d'arbres et la croissance et vie des arbres, **nos forêts absorbent chaque année 70 Mt de CO2** comparée à nos émissions de 400Mt de CO2. C'est donc une énergie renouvelable très importante. 1KWh consommé avec du bois bûche ne libère que 40g de CO2 (ONF Office national des forêts).

Consommer du bois en développant des centrales industrielles au bois est bénéfique au climat.

La forêt a donc toute son importance. MAIS la forêt consomme de l'eau. Par exemple, un hectare de hêtraie consomme de 2 000 à 5 000 tonnes d'eau par an, et en restitue 2 000 par évaporation. Un chêne adulte pompe près de 200 litres d'eau par jour (ONF).

Un équilibre est donc à trouver entre l'effet de serre qui amène de la sécheresse donc un besoin d'eau et la plantation d'arbres qui stocke du CO2 mais consomme beaucoup d'eau.

ATTENTION AUX IDEES RECUES

La plantation d'arbres peut dans certains cas être contre-productive. Une étude, publiée dans la revue Frontiers in Ecology and the Environment en juin 2021 a démontré que le développement d'arbres dans des zones normalement dénuées de forêt comme les toundras ou les prairies, peut en réalité libérer des réserves de carbone.

- Planter des arbres perturbe le fonctionnement des sols. Or la séquestration de carbone dans les sols est importante puisqu'elle est trois fois plus importante que l'atmosphère et la végétation réunis. Une étude publiée dans la revue Global Change Biology en 2020 menée sur près de 40 ans a démontré qu'en Écosse, les landes laissées intactes stockaient davantage de carbone que celles où des arbres avaient été plantés.

LES OCEANS

Les océans contiennent un large stock de carbone (environ 40.000Gt). La biomasse marine (carbone organique) suit les mêmes cycles naturels que la biomasse continentale. Une grande quantité de carbone se trouve sous forme d'ions carbonates et bicarbonates (le CO_2 dissous ne représente que 1% du total).

Environ un quart des émissions anthropiques de CO_2 sont absorbés par les océans. Les deux puits de carbone océanique sont d'une part la dissolution du CO_2 en acide carbonique, ions carbonates et bicarbonates (pompage par dissolution) et d'autre part l'activité photosynthétique du phytoplancton (pompage biologique).

Le phytoplancton, premier maillon de la chaine alimentaire alimente les différents compartiments de la vie marine depuis le zooplancton jusqu'aux espèces supérieures. Lors de sa dégradation une partie seulement de cette biomasse est recyclée dans les eaux superficielles tandis que le reste est transféré par gravité vers l'océan profond. Le flux descendant de matière organique riche en carbone constitue la pompe biologique. La stimulation de la production du phytoplancton permettrait d'augmenter la pompe biologique en carbone.

LA CAPTURE DU CO2

La capture du CO_2 produit par les grandes industries est une mesure nécessaire pour enrayer l'effet de serre. La capture du CO_2 offre un potentiel important de réduction des émissions de carbone. Les techniques sont bien adaptées pour des sources fixes de grande capacité, et en premier lieu pour les centrales électriques à combustibles fossiles, qui représentent à elles seules un tiers des émissions de CO_2.

Les procédés de capture existent et sont déjà industrialisés. Le CO_2 est absorbé chimiquement ou physiquement puis extrait et comprimé en vue de son transport vers des lieux de stockage ou de recyclage.

Des usines comme celle de TRONA aux Etats-Unis capture 800 tonnes de CO_2 et ont montré la faisabilité technique et économique du procédé. L'objectif américain est d'atteindre un coût de 10 dollars la tonne.

Les méthodes de capture du CO_2 sont utilisables principalement dans les centrales de production d'énergie utilisant le gaz ou le charbon comme combustible. Une centrale au charbon de 500MW produit environ 8000 tonnes de CO_2 par jour.

Le principe de base de la capture du CO_2 consiste à séparer ce dernier des gaz brûlés au lieu de le rejeter dans l'atmosphère puis de le conditionner pour un futur stockage. Le principal problème de la récupération du CO_2 dans les gaz brûlés est sa faible concentration (4 à 14% selon les technologies) qui nécessitent de traiter de grands volumes de gaz dont l'essentiel est constitué par l'azote de l'air. Des solutions existent en pratiquant une oxy-combustion ou du steam reforming (réaction du combustible avec de la vapeur d'eau à haute température) qui permettent d'augmenter la concentration en CO_2.

Les procédés qui permettent la récupération du CO_2 sont basés sur les principes suivants :

- L'absorption chimique : Le CO_2 gaz est capturé par une réaction chimique avec un solvant (par exemple le MEA –monoéthanolamine) puis désorbé par chauffage dans une deuxième unité et récupéré.

L'absorption physique : Le CO_2 est physiquement dissout dans un liquide (solvant organique par exemple le Selexol – polyéthylène glycol) dans une première colonne puis désorbé dans une deuxième colonne par chauffage ou abaissement de la pression. Cette méthode est moins gourmande en énergie que la précédente mais n'est utilisable que pour des hautes pressions (>20 bars) et des concentrations élevées de CO_2 (30 à 40%).

- L'adsorption physique : Le CO_2 est adsorbé à la surface de matériaux spécifiques tels que zéolithes, alumines ou silicates ayant de grandes surfaces spécifiques d'adsorption. Pour l'étape de désorption et de récupération du CO_2 plusieurs techniques peuvent être utilisées en jouant sur la température.

- La séparation gazeuse par membrane : le gaz entrant est filtré au moyen d'une membrane (en polymère ou en céramique) ne laissant passé que le CO_2 qui est ensuite capturé par une des méthodes précédentes.

- La cryogénie (distillation à basse température) : elle permet par abaissement de la température de séparer le CO_2 des autres gaz ou impuretés. Le CO_2 liquide est ensuite transporté par camion ou pipeline.

L'absorption chimique et physique sont des procédés utilisés par des entreprises tels que ABB, Fluor Daniel, et Mitsubitshi.

Actuellement, 27 installations sont en activité dans le monde - majoritairement aux États-Unis - et permettent de capter 40 millions de tonnes de CO_2 par an. En France, le projet Castor est considéré comme le plus important, puisqu'il a pour objectif de capturer et de stocker 10 % des rejets de CO_2 en Europe.

Le captage du CO_2 directement dans l'atmosphère (DAC pour Direct Air Capture), qui fonctionne grâce à des ventilateurs installés au cœur des fumées rejetées par les usines. Ces derniers captent le CO_2 - qui est 200 à 300 fois moins concentré qu'à la sortie des cheminées avant de le stocker dans le basalte. À titre informatif, l'entreprise suisse Climeworks possède le plus grand site en Islande.

Pour davantage d'informations scientifiques, une publication ci-dessous résume les techniques de captage et de stockage du CO_2 (Potentiel des méthodes de séparation et stockage du CO_2 dans la lutte contre l'effet de serre Philippe JeanBaptiste, René Ducroux, C. R. Géoscience 335 (2003) 611–625)

UTILISATION ET RECYCLAGE DU CO2

Dans l'avenir le recyclage ne jouera un rôle significatif que si de nouveaux procédés avides de CO_2 et économiquement rentables sont mis au point pour rendre attractive cette voie de stockage.

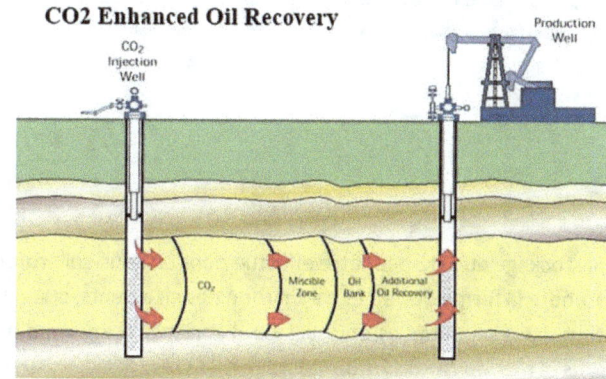

La plus importante consommation annuelle de CO_2 de l'ordre de 130 MTonnes (2021) concerne la synthèse des produits chimiques comme l'urée et le méthanol. On utilise le CO_2 dans l'industrie agroalimentaire (boisson gazeuse, décaféiner le café, congélation, couverture inerte d'aliment). Mais également dans le soudage où il protège le bain de fusion d'une oxydation. Les aérosols utilisent le CO_2 comme gaz propulseur.

Cependant toutes ces consommations ne représentent qu'un faible % des émissions de CO_2 (quelques centaines de Mt devant les 40.000 Mt émises par l'homme).

L'utilisation du CO_2 la plus citée concerne l'industrie pétrolière où le taux de récupération du pétrole est augmenté (+20%) par l'injection de CO_2 supercritique dans les puits. Cette technique de récupération assistée (appelée EOR – Enhanced Oil Recovery) est développée au Texas. Grâce aux progrès réalisés ces dernières années, entre 30 et 60 % du gisement original peut être extrait (Weyburn projet) Pour ces opérations des quantités de l'ordre de 80 Mt de CO_2 sont utilisés chaque année.

Dans les autres industries, les utilisations concernent les domaines suivants :

- L'industrie chimique : le CO_2 est utilisé pour la synthèse de produits (production d'urée pour la fabrication d'engrais) et la neutralisation des effluents alcalins,
- L'industrie alimentaire avec la gazéification des boissons gazeuses et l'emploi de CO_2 comme fluide réfrigérant pour la conservation des denrées alimentaires,
- L'industrie pharmaceutique où le CO_2 est utilisé comme gaz inerte, pour des synthèses chimiques mais également comme fluide supercritique pour le traitement des eaux usées,
- L'industrie du papier pour l'ajustement de l'acidité après lavage des pulpes avec des produits alcalins,
- L'industrie sidérurgique où le CO_2 est utilisé pour le traitement des fumées ou dans les fours électriques à arc pour le traitement des métaux,
- Dans l'industrie électronique comme refroidisseur pour les appareils, comme adjuvant dans l'eau ultra pure pour améliorer la conductivité, ou comme fluide supercritique en remplacement des solvants organiques.

LE STOCKAGE INDUSTRIEL DU CARBONE

Le stockage du CO2 capturé est envisagé dans les anciens gisements gaziers et pétroliers dont la géologie est bien connue. Les capacités mondiales de ces deux stockages correspondent environ à 150 ans d'émissions de CO2. Les capacités mondiales sont estimées à 920 Gt de CO2 (J.Gale IAE).

Le stockage du CO2 peut également être réalisé dans des mines non exploitables ou désaffectées. (Capacité mondiale estimée de 40 Gt) A la surface de ces filons le CO2 se substitue au méthane qui peut être ainsi récupéré et valorisé comme combustible.

Description	Capacité de stockage de CO_2 (Gt)	Source
Formation Utsira	50	Projet Joule II (Holloway et al., 1997)
Formation Utsira	42	Projet GESTCO (Bøe et al., 2002)
Formation Utsira	28	Projets SACS / CO_2Store (Kirgy et al., 2001 ; Chadwick et al., 2004)
Formation Utsira	6,3	Révisions du projet GeoCapacity, 2009
Utsira - Pièges structuraux	0,5	Estimation Statoil (2010)
Utsira - Stockage aménagé	40	Lindeberg et al., 2009

Tableau 1. Estimations publiées de la capacité de stockage de CO_2 dans la formation Utsira.

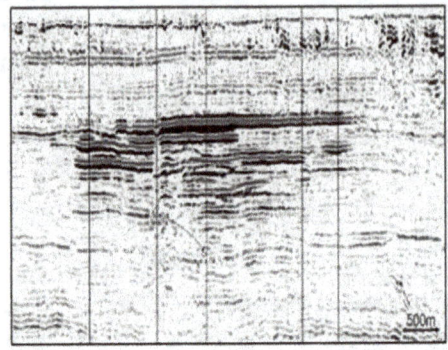

Figures 5. Coupe avec différence d'amplitude sismique, résultant de la campagne 2008 time lapse et montrant la distribution du panache de CO_2.

Le stockage du CO2 peut être effectué dans un sous-sol profond d'environ 1 000 à 2 000 mètres. Ces zones géologiques peuvent prendre la forme de veines de charbon des gisements, d'aquifères salins profonds (à quelques centaines de mètres sous la mer), de nappes phréatiques épuisées ou d'anciens réservoirs d'hydrocarbures. En Europe la formation Utsira à Sleipner (Norvége) sous la mer du Nord sert de stockage du CO2.

La surveillance géophysique a confirmé que le CO2 injecté est resté dans la formation de stockage d'Utsira et n'a pas fui. (fig 5).

Ce type de stockage présente la difficulté de pouvoir garder le CO2 sans qu'il ne s'échappe de son lieu de stockage. (Le CO2 avec des concentrations de quelques % est nuisible voir mortel à l'homme à 25%) Ces essais sont en cours depuis plusieurs années dans le Sleipner de la mer du Nord et dans d'autres sites à travers le monde. La capacité mondiale de stockage est estimée entre 400 à 10.000 Gt de CO2.

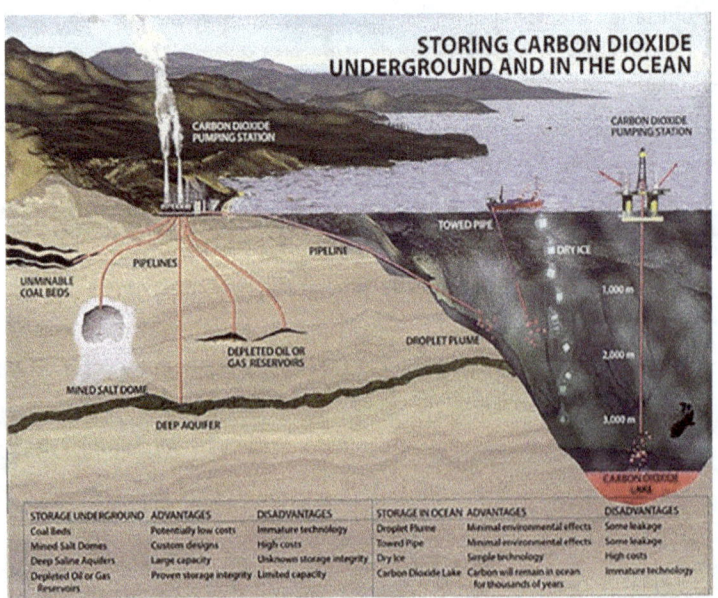

- le stockage du CO2 peut également s'effectuer par séquestration minérale, un procédé employé par le projet CarbFix mené en Islande. Il implique la dissolution du CO2 dans l'eau - à 800 mètres de profondeur - avant l'injection du basalte. Concrètement, le carbone se transforme en roches carbonatées en moins de deux ans, alors qu'un tel processus prend en réalité plusieurs milliers d'années.

C'est une solution très intéressante de stockage à moindre coût car le CO2 transformé en carbonates est stabilisé donc sans risque de fuite.

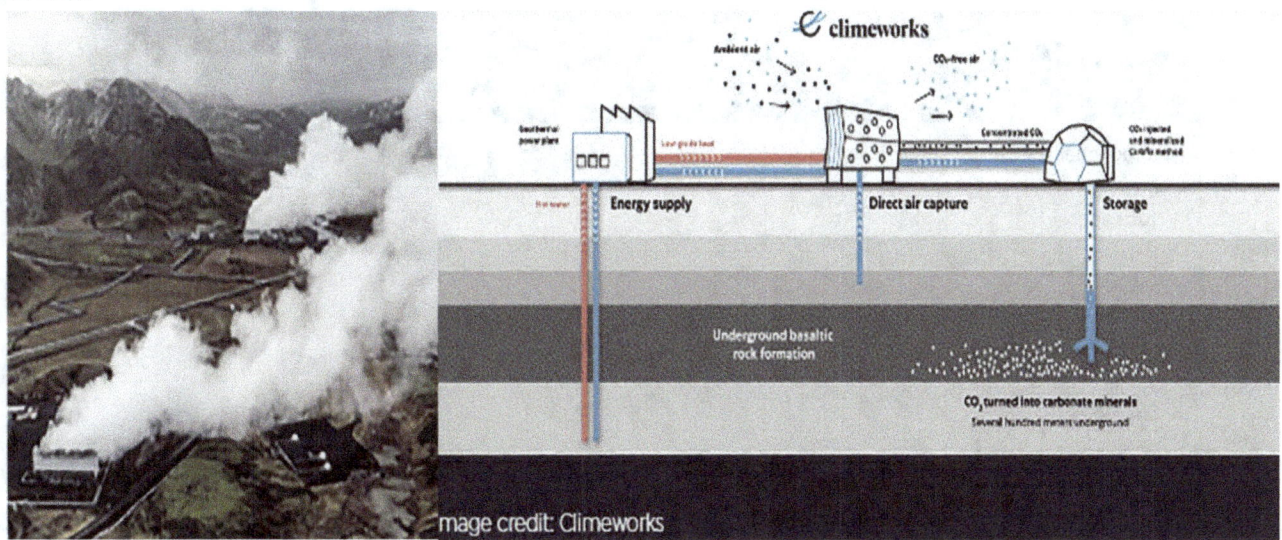

- Le stockage du CO2 dans les fonds océaniques est encore à l'étude. Des interrogations concernent notamment l'impact sur l'acidification des océans. Cette solution semble déraisonnable liée à la législation maritime comme le souligne l'article ci-contre. (R. Ducroux, J.M. Bewers, The status of marine storage of fossil-fuel derived carbon dioxide under international conventions (7ème international Conference on greenhouse gas Control technologies Vancouver Sept 2004))

Il faut retenir que le captage du CO2 est très coûteux et compliqué à mettre en œuvre. Le principal problème du stockage du CO2 est celui de sa fiabilité à long terme de l'entreposage (problème technique et sociétal). Une connaissance approfondie des milieux géologiques est indispensable pour éviter les fuites et la dispersion du CO2 hors du réservoir.

Le stockage sous forme de carbonate est sans aucun doute une des voies à suivre.

Il est certainement plus judicieux de réduire directement les émissions plutôt que de les stocker dans les sous-sols.

LE MIXTE ENERGETIQUE

Le mixte énergétique consiste à mettre en œuvre différentes énergies de forte, moyenne et petite puissance adaptée à nos besoins en utilisant celles qui produisent le moins de CO2.

Nos besoins sont définis en fonction de plusieurs critères socio-technico-économiques : Puissance, compétitivité, impact sur l'emploi, sur l'environnement, sensibilité au prix et acceptabilité sociale.

Les industries métallurgique et chimique demandent des fortes puissances que seul l'hydraulique ou le nucléaire peuvent fournir.

Les industries les plus énergivores sont l'industrie du papier et carton, l'industrie agro-alimentaire, l'industrie du caoutchouc, du plastique et des autres produits minéraux non métalliques.

Le tableau ci-dessous donnent les différentes sources d'énergie que nous avons à notre disposition ou que nous importons (gaz, pétrole et charbon). Le classement est basé sur les données du ministère de l'industrie pour les critères 1 à 4, de l'union européenne pour le critère 5 et les données IFOP/SOFRES pour le critère 6.

	Mix énergétique Monde - 2019 (en % de la consommation totale)	Mix énergétique Europe - 2019 Union européenne, UK, Suisse, Norvège, Ukraine et Turquie (en % de la consommation totale)	Mix énergétique France - 2019 (en % de la consommation totale)
Hydraulique	6,4	6,8	5,4
Nucléaire	4,3	9,9	36,8
Gaz	24,2	23,8	16,1
Pétrole	33,1	36,3	32,5
Charbon	27,0	13,5	2,8
Autres renouvelables	5,0	9,8	6,3

Énergies	1 Capacité à faire face à la demande en énergie	2 Compétitivité économique (prix du KWh)	3 Sensibilité au prix des matières premières	4 Impact sur l'emploi/valeur ajoutée	5 Impact sur l'environnement, y compris le climat	6 Acceptabilité sociale	Total sur 30
Hydraulique	4	5	5	2	4	4(1)	**24**
Nucléaire	5	3	4	5	3	2	**22**
Eolien	2	2	5	3	4	4(2)	**20**
Gaz naturel	5	4	1	3	2	5	**20**
Charbon « propre »	5	2	2	3	4	3(3)	**19**
Gaz « propre »	5	2	1	3	4	3(3)	**18**
Pétrole	5	2	1	3	2	5	**17**
Charbon	5	3	2	3	1	3	**17**

Performances annuelles des sources d'énergie en France vis-à-vis des critères 1 à 6 ci-dessus. (notation : 1er mauvais, 2e plutôt mauvais, 3e acceptable, 4e plutôt bon, 5e bon) (classement basé sur les données du ministère de l'industrie pour les critères 1 à 4, de l'Union Européenne (étude EuternE) pour le critère 5 et sur les données IFOP/SOFRES pour le critère 6.

(1) l'acceptation des barrages existants est bonne mais la construction de nouveaux barrages serait plus problèmatique. Aux USA, la tendance actuelle est plutôt à l'élimination des barrages (dans Renoval), sous la pression des associations de défense de l'environnement.

(2) l'énergie éolienne jouit d'une bonne image au plan national mais les résistances locales à l'édification des éoliennes sont monnaie courante (c'est encore et toujours le fameux syndrome NIMBY « Net In My BackYard »

(3) l'acceptation du charbon « propre » (basé sur les captures du CO_2), basé sur le stockage sous terrain du CO_2 dont le concept est loin de faire l'unanimité.

Dans le domaine des fortes puissances (>100 MW) les deux seules énergies propres vis-à-vis de l'effet de serre sont la grande hydraulique et le nucléaire.

Dans le domaine des moyennes puissances (de 0,1 à 100 MW) la géothermie et l'éolien sont les énergies requises.

Dans le domaine des petites puissances (0,01 à 0,1 MW) l'énergie solaire thermique ou photovoltaïque est la réponse.

LES MIXTES ENERGETIQUES MONDE EUROPE et FRANCE

Il est intéressant de remarquer que la France consomme des énergies qui n'émettent pas de GES à raison de 48,5% (nucléaire, hydraulique, bois, éolien et autres). La France est la championne des énergies vertes de toute l'Europe ! alors qu'en moyenne l'Europe consomme 26,5% d'énergie verte et le monde seulement 15,7%.

Source : BP Statistical Review of World Energy 2020

Production électrique Monde Europe et France

La production électrique française est à 92,1% produite à partir de sources non émettrices de GES, comparée à l'Europe qui est à 62% et le monde à 37,3%.

	Mix électrique Monde - 2019 (en % de la consommation totale)	Mix électrique Europe - 2019 Union européenne, UK, Suisse, Norvège, Ukraine et Turquie (en % de la consommation totale)	Mix électrique France - 2019 (en % de la consommation totale)
Pétrole	3,1	1,3	0,4
Gaz	23,3	19,2	7,2
Charbon	36,4	17,5	0,3
Nucléaire	10,4	23,3	70,6
Hydraulique	15,6	15,8	11,2
Eolien	5,3	11,6	6,3
Solaire	2,7	3,9	2,2
Autres*	3,3	7,4	1,8

Source : BP Statistical Review of World Energy 2020

Certain pays sont favorisés par leur géographie comme le Brésil riche en hydraulique et produit de l'électricité à 77,4% avec des énergies renouvelables (hydroélectricité 55,4 %, éolien 11,0 %, biomasse 8,4 %, solaire 2,6 %).

D'autres sont défavorisés comme la Chine qui ne possède essentiellement que du charbon et devient un fort émetteur de GES. La production électrique provient du charbon à 62,6% et condamne la Chine comme premier pollueur de CO_2 dans le monde (30% des émissions mondiales de GES).

ÉNERGIES RENOUVELABLES (EnR)

Malgré leur progression rapide, rappelons enfin que le solaire et l'éolien n'ont encore respectivement compté que pour 4,5% et 7,6% de la production mondiale d'électricité en 2022 (contre 15,1% pour l'hydroélectricité, première filière renouvelable). Le charbon reste ainsi de très loin la principale source d'électricité dans le monde à l'heure actuelle (35,7% de la production en 2022).

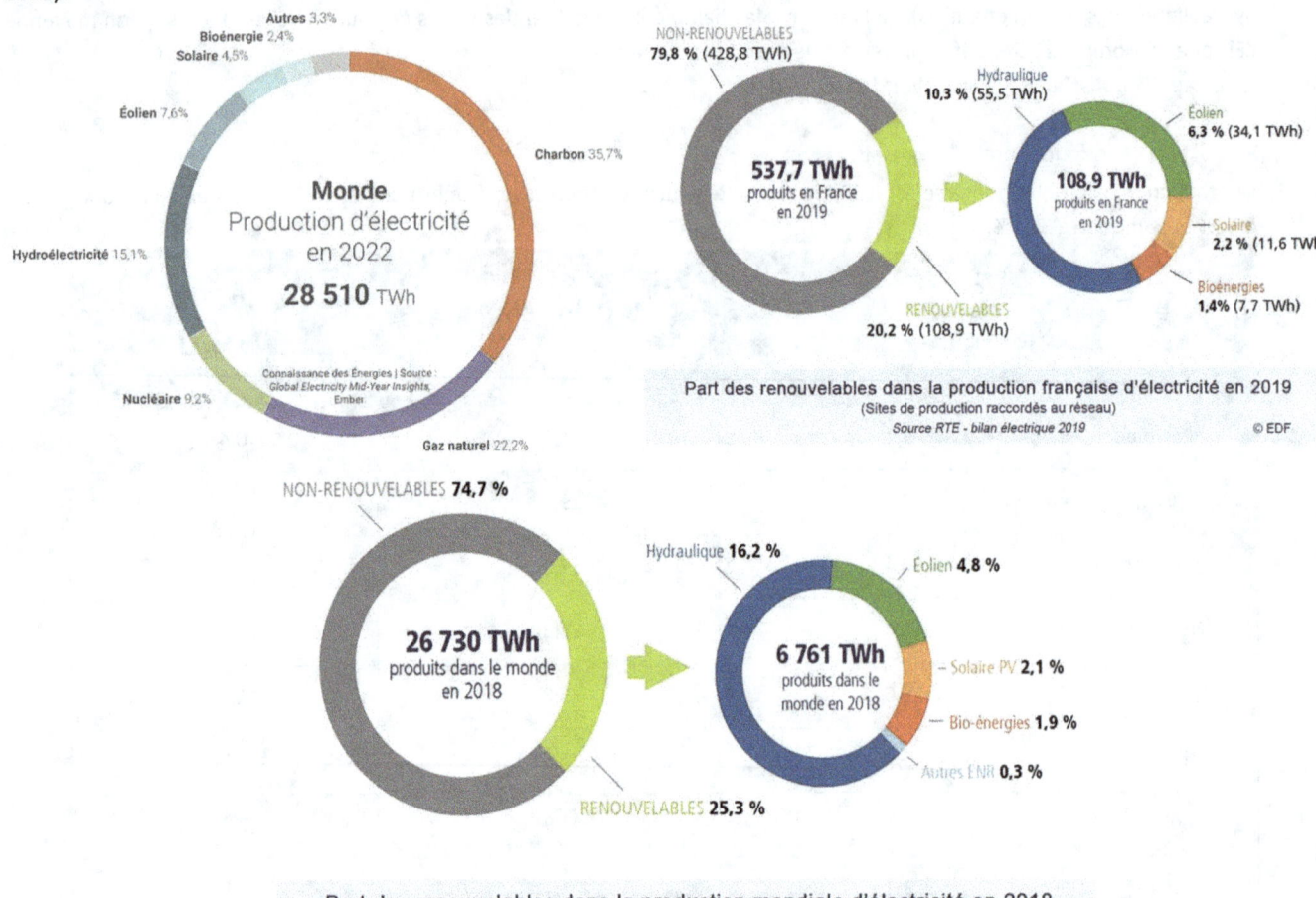

Les énergies renouvelables sont des énergies dérivées de processus naturels en perpétuel renouvellement, notamment celles d'origine solaire, éolienne, hydraulique, géothermique ou végétale (bois, biocarburants etc.).

Les sources d'énergies renouvelables sont les suivantes :

- le soleil (photovoltaïque ou thermique),

- le vent (éolienne),

- l'eau des rivières et des océans (hydraulique, marémotrice etc.),

- la biomasse, qu'elle soit solide (bois et déchets d'origine biologique), liquide (biocarburants) ou gazeuse (biogaz) ainsi que la chaleur de la terre (géothermie) et celle extraite par des pompes à chaleur.

Monde Nouvelles capacités renouvelables installées par filière et scénarios de l'AIE pour 2023 et 2024

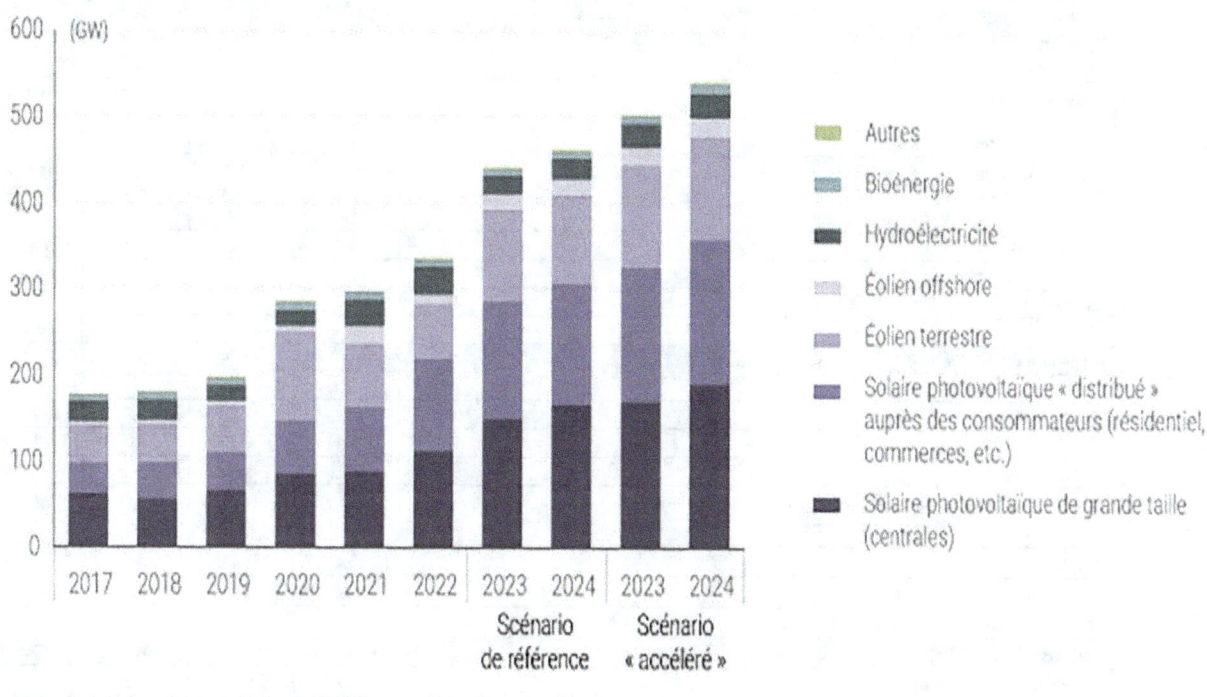

- Le tableau ci-dessous donne les consommations des énergies renouvelables en France

Tableau 2 : consommation finale brute d'énergies renouvelables : évolutions par filière
En TWh

	Réalisé 2005	Réalisé 2018	Réalisé 2019	Réalisé 2020p	Évolution 2020p/2019
Consommation finale brute d'énergies renouvelables pour le calcul de l'objectif global (A) + (B) + (C)	178,8	296,7	308,5	307,5	- 0,3 %
Électricité : total (A)	71,2	108,5	113,8	119,9	5,3 %
Hydraulique renouvelable normalisé	66,1	59,9	59,8	60,7	1,6 %
Éolien normalisé	1,1	28,7	32,5	36,2	11,6 %
dont éolien terrestre	1,1	28,7	32,5	36,2	11,6 %
dont éolien offshore	0,0	0,0	0,0	0,0	-
Solaire photovoltaïque et à concentration	0,0	10,9	12,2	13,6	11,1 %
dont photovoltaïque	0,0	10,9	12,2	13,6	11,1 %
dont thermodynamique	0,0	0,0	0,0	0,0	-
Énergies marines	0,5	0,5	0,5	0,5	0,6 %
Géothermie électrique	0,1	0,1	0,1	0,1	0 %
Biomasse solide et déchets urbains renouvelables	2,9	6,0	6,1	5,8	- 4,1 %
Biogaz	0,5	2,4	2,7	3,0	10,8 %
Chaleur (et froid) : total (B)	100,7	151,7	157,4	156,8	- 0,4 %
dont réseaux de chaleur	nd	12,6	13,5	nd	nd
Solaire thermique	0,6	2,1	2,2	2,2	2,8 %
Géothermie thermique	1,2	2,1	2,3	2,3	0 %
Pompes à chaleur	2,4	30,2	33,9	37,5	10,6 %
Biomasse solide et déchets urbains renouvelables	96,0	112,7	113,9	106,5	- 6,5 %
dont consommation de bois des ménages	77,1	74,3	75,0	69,5	- 7,4 %
Biogaz	0,6	3,6	4,2	5,1	20,7 %
Biocarburants hors transport (bioGnR)	0,0	3,0	3,0	3,1	3,5 %
Minoration des biocarburants conventionnels*	0,0	- 2,0	- 2,0	0,0	-
Carburants : total (C)	6,9	36,5	37,2	30,8	- 17,2 %
Bioessence	1,2	6,8	7,6	6,5	- 15,1 %
Biodiesel	5,7	29,7	29,6	24,3	- 17,7 %
Autres (biogaz, huiles végétales)	-	-	0,0	0,0	
Consommation finale brute dans le secteur des transports (C) + (D) + (E)	10,4	45,6	47,0	39,8	- 15,4 %
Carburants renouvelables (C)	6,9	36,5	37,2	30,8	- 17,2 %
Électricité renouvelable dans les transports (D)	1,4	3,0	3,1	2,6	- 16,2 %
dont transport ferroviaire	1,4	2,6	2,6	2,2	- 17,9 %
dont transport routier	-	0,1	0,1	0,1	- 7,7 %
dont autres modes de transport	-	0,4	0,4	0,4	- 7,7 %
Bonifications** (E)	2,1	6,1	6,7	6,3	- 5,2 %

nd : non disponible.
* La directive 2009/28/CE prévoit que l'utilisation des biocarburants conventionnels (fabriqués à partir de cultures utilisables pour l'alimentation humaine ou animale) soit plafonnée à 7 % de la consommation finale d'énergie dans les transports. Cette limite ayant été atteinte en France en 2018 et 2019, il en résulte une minoration de la quantité des biocarburants pris en compte pour le calcul de la part EnR.
** Des bonifications dans les transports sont prévues par la directive 2009/28/CE pour les biocarburants de seconde génération ainsi que pour l'électricité consommée par les véhicules électriques et le transport ferroviaire. Elles interviennent uniquement pour le calcul de l'objectif d'énergies renouvelables dans la consommation du secteur des transports.
Champ : métropole et DOM.
Source : calculs SDES

L'HYDROGENE

L'hydrogène est un vecteur énergétique et non une source d'énergie. Il est utilisé dans les piles à combustibles pour produire de l'électricité. A ce jour et de façon industrielle, Il doit être extrait soit à partir de combustible fossile comme le méthane CH_4 ($CH_4 + O_2 = 2H_2 + CO_2$) par reformage soit à partir de l'eau (H_2O) par électrolyse ($2H_2O + élec = 2H_2 + O_2$).

Ces deux procédés sont très énergivores. De plus à partir de 1 kg de méthane la réaction produit 12kg de CO_2 (ADEME). Pour produire de l'hydrogène par l'électrolyse il faut de l'électricité issu d'énergie renouvelable ou du nucléaire. Le mix énergétique français permet de produire 1kg d'hydrogène en émettant que 2,7kg de CO_2 (ADEME).

Par ailleurs le rendement dû à l'hydrogène n'est pas bon. Dans une voiture à hydrogène avec une pile à combustible le rendement (en cycle de vie - de la production d'hydrogène au moteur) n'est que de 25% (ADEME)

A titre de comparaison une voiture à hydrogène émet davantage de CO2 qu'une voiture diesel en tenant compte de la production d'hydrogène.

Aujourd'hui avec les moyens de production industrielle que nous connaissons, l'utilisation de l'hydrogène comme vecteur énergétique n'est pas une solution d'avenir écologique. Il faut qu'il soit produit à grande échelle par une énergie qui ne produit pas de CO2 comme l'énergie nucléaire ou l'énergie hydraulique.

L'autre solution hydrogène réside dans la découverte de « L'hydrogène blanc ». Découvert en 1987 dans un gisement au Mali, c'est en 2012 qu'on a pu établir que ce gisement était de l'hydrogène à 98%. (L'opinion du 31 Juillet 2023). Ce type de gisement existe en France en Lorraine dans les gisements miniers. La société 45-8 Energy a un projet d'hydrogène blanc au Kosovo. Des gisements sont à l'étude en Australie, au Brésil et en Islande.

Le sultanat d'Oman et les Philippines sont les cas les plus étudiés mais des émanations d'hydrogène ont aussi été notées en Nouvelle-Calédonie ou même dans les Pyrénées. De plus cet hydrogène en présence d'eau se régénère en quelques jours tels qu'on put le montrer des essais en laboratoire. Dans le gisement du Mali la pression du gaz n'a jamais baissé en 10 ans. (Isabelle Moretti- Académie des Technologies)

« Rond de sorcière » d'un rayon d'environ 400 m d'où s'échappe de l'hydrogène dans le Minas Gerais, au Brésil (©A. Prinzhofer)

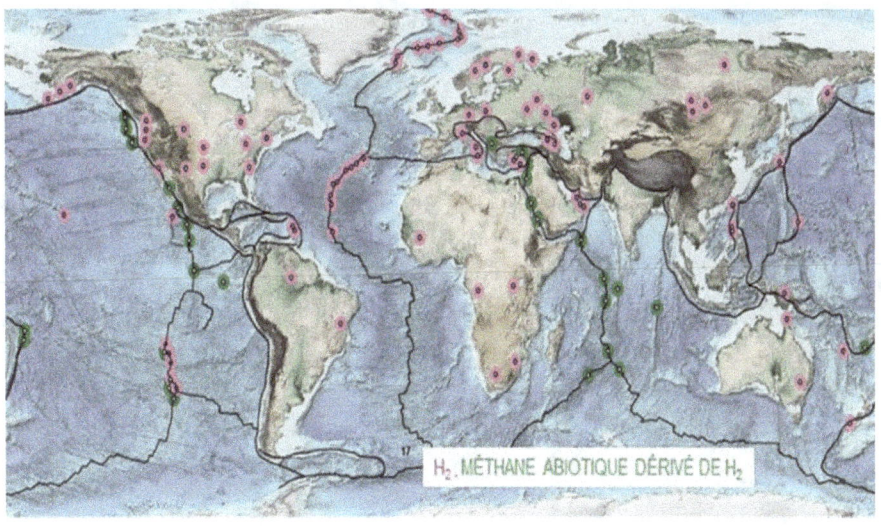

Carte non exhaustive des émanations déjà connues d'hydrogène natif et de méthane abiotique dérivé de l'hydrogène qui réagit en particulier au niveau des fumeurs avec le CO2. (©Isabelle Moretti, modifiée d'après Prinzhofer et Deville, 2015 - Abiotique : méthane naturel lié au milieu indépendant des êtres vivants.

LES BIO-ENERGIES

LA BIOMASSE

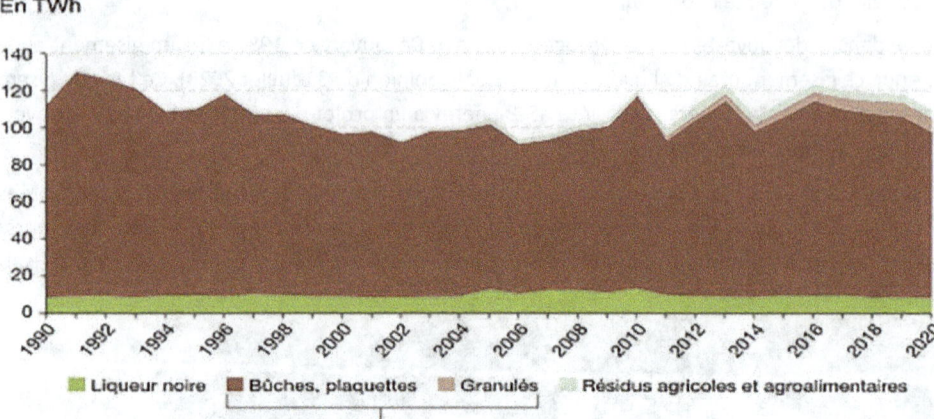

Sources : calculs SDES ,Propellet

En 2020, la production primaire de biomasse solide s'élève à 110 TWh, dont 90 TWh de bois sous forme de bûches ou plaquettes, 8 TWh de granulés, 8 TWh de liqueur noire et enfin 4 TWh de résidus agricoles et alimentaires.

La diminution de la production de biomasse solide résulte principalement, sur la période récente, de moindres besoins de chauffage liés à des conditions climatiques relativement douces.

En 2020, la crise sanitaire a également conduit à un recul des besoins de bois, notamment de la part du secteur industriel.

En revanche, depuis le début des années 2010, la production est tirée par une consommation croissante de biomasse dans le secteur énergétique (centrales de cogénération, chaufferies biomasse…).

BIOGAZ

Évolution de la production d'énergie à partir de biogaz

Le biogaz est produit essentiellement en métropole et sert en majorité à produire de l'électricité (34 % de l'énergie produite à partir de biogaz) et de la chaleur (42 %), pour l'essentiel non commercialisée (donc consommée directement par les utilisateurs finaux de biogaz).

L'épuration de biogaz en bio méthane, afin d'être ensuite injecté dans les réseaux de gaz naturel, constitue un nouveau débouché depuis quelques années (24 % en 2020). Entre 2019 et 2020, l'ensemble de la production d'énergie à partir de biogaz a augmenté de 18 %.

Puissance électrique (TWh) des installations de biogaz par année de mise en service *Sources : SDES, enquête sur la production d'électricité ; Ademe, Itom ; GRTgaz (leader européen du transport de gaz)*

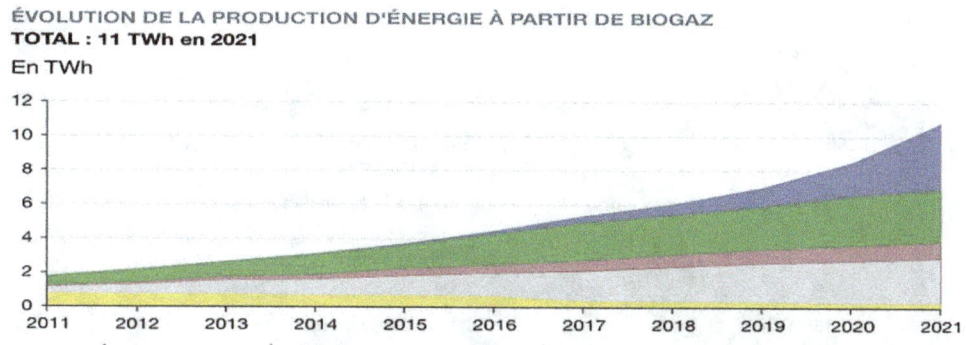

BIOMÉTHANE

En 2020, 2,2 TWh de bio-méthane (obtenu par épuration de biogaz) ont été injectés dans les réseaux de gaz naturel, soit une hausse de près de 80 % par rapport à l'année précédente. Fin 2020, 214 installations d'une capacité totale de 3,9 TWh/an sont en service, tandis que 1 164 projets supplémentaires, représentant une capacité de plus de 26 TWh/ an, sont en cours de développement.

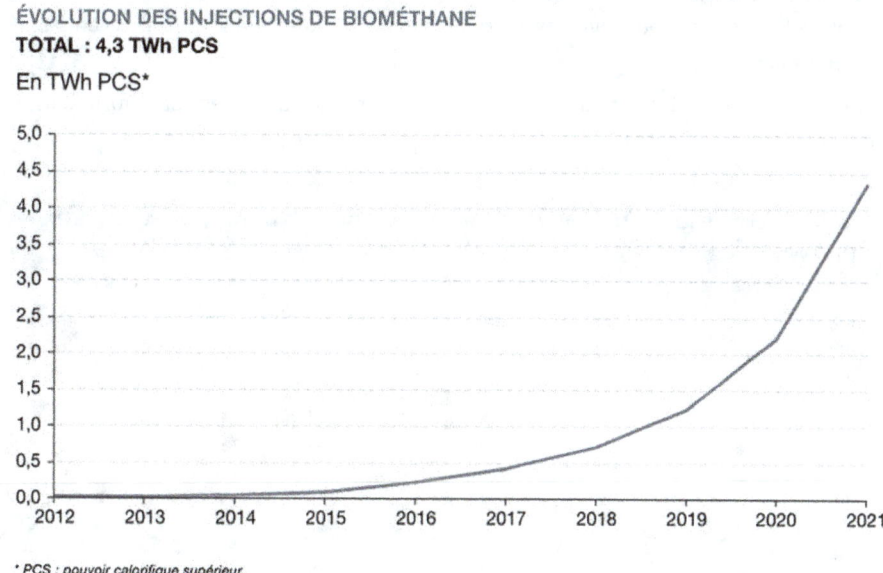

Les petites installations, de capacité unitaire inférieure à 15 GWh/an, représentent environ 28 % de la capacité d'injection totale. Les unités de méthanisation constituent l'essentiel des installations.

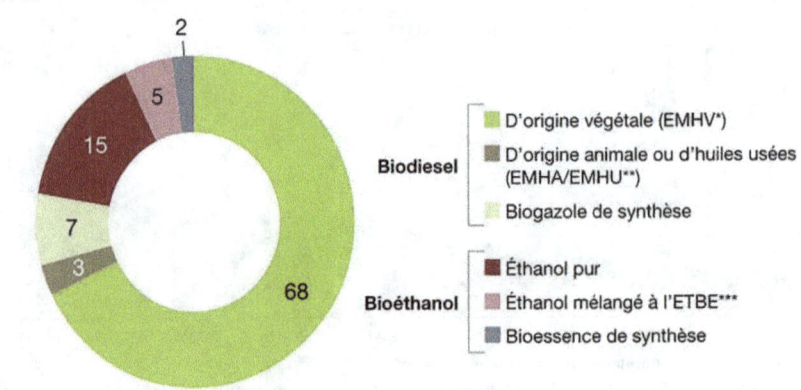

BIOCARBURANTS

Les biocarburants représentent 8,4 % de la production primaire d'énergies renouvelables en France, ce qui en fait la cinquième source d'énergie renouvelable. Le biodiesel représente 81 % de la consommation de biocarburants, contre 19 % pour la bio essence.

Entre 2006 et 2008, la consommation de biodiesel a fortement augmenté. Elle a continué à progresser, mais de manière plus modérée, depuis 2008. Les mécanismes d'incitation, notamment la taxe incitative relative à l'incorporation de biocarburants (Tirib, ex-TGAP carburants), et le niveau élevé des cours du pétrole jusqu'à l'été 2015 ont accompagné le développement des biocarburants depuis dix ans.

En 2020, la consommation de biocarburants chute de 16 %, en raison essentiellement de la forte baisse de la consommation de carburants routiers durant la crise sanitaire.

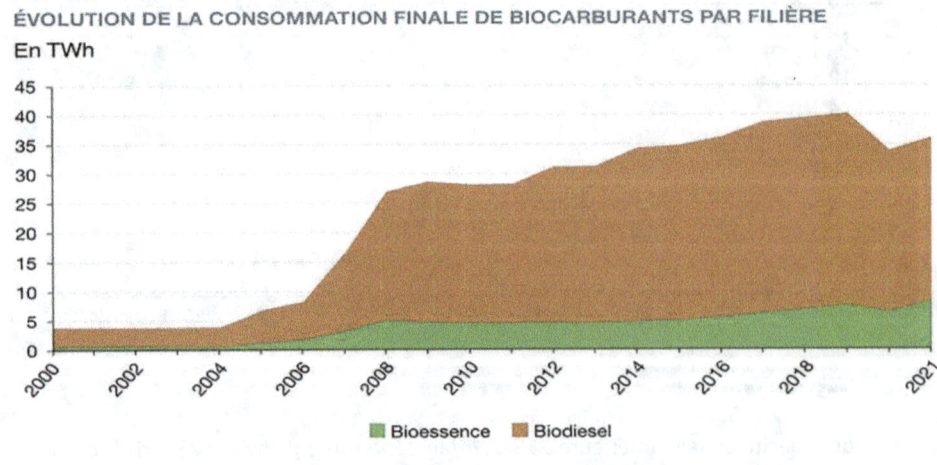

L'EOLIEN

Ci-dessous la carte des zones les plus ventées violet, rouge, orange, vert aux moins ventées en bleu.

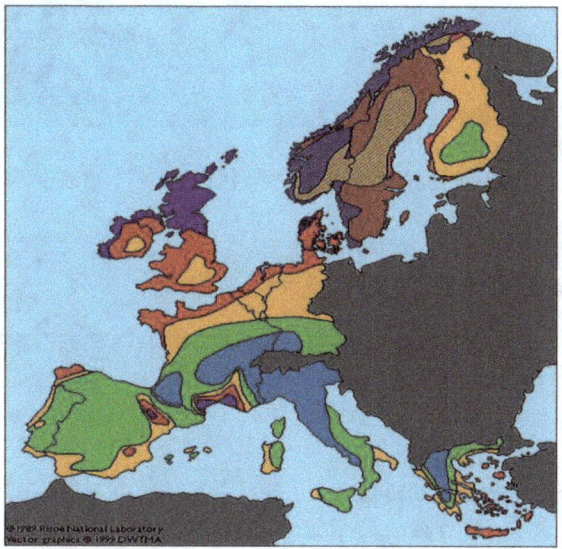

L'éolien est une source d'énergie en plein développement. Les fermes éoliennes (regroupement de plusieurs dizaines d'éoliennes) peuvent développées plusieurs dizaines de MW et répondre à une demande locale des petites et moyennes puissances.

L'optimum de vent pour une éolienne se situe autour de 50km/h. Son taux de disponibilité (taux de charge) est environ 25 à 30% à cause de l'intermittence du vent.

La plus grosse éolienne au monde de 16MW avec des pales de 120m et 264m de hauteur a été développée par la Chine (installation en 2024).

La puissance totale du parc éolien mondial a atteint 906 GW à fin 2022, soit près de 9% de plus qu'un an plus tôt. La grande majorité des nouvelles capacités éoliennes en 2022 concernent des installations terrestres : 68,8 GW en 2022, dont 52% en Chine.

En France

Au 30 juin 2023, le parc éolien français atteint une puissance de 22,5 GW dont 21,6 GW d'éolien terrestre et 1,0 GW d'éolien en mer.

Éolien	Nombre d'installations		Puissance (en MW)	
	Éolien terrestre	Éolien en mer	Éolien terrestre	Éolien en mer
Parc raccordé au 30/06/2023 (P)	**2354**	**4**	**21565**	**976**
Parc raccordé au 31/12/2022	2304	2	21 016	480
Évolution (%)	2	100	3	103
Nouvelles installations du premier semestre 2023 (p)	**57**	**2**	**588**	**496**
Nouvelles installations du premier semestre 2022	66	2	659	480
Évolution (%J	-14	0	-11	3

(p) : ces premiers résultats sont provisoires et seront révisés les trimestres suivants (méthodologie). L'évolution du parc raccordé dépend des nouvelles installations mais aussi d'éventuels déclassements d'installations. Champ : métropole et DROM
Source : SDES d'après Enedis, RTE, EDF-SEI et CRE

Au cours du premier semestre 2023, la puissance nouvellement raccordée s'élève à 1 084 MW, dont 588 MW pour l'éolien terrestre et 496 MW pour l'éolien en mer, dû au raccordement du second parc d'éoliennes en mer en France, à Saint-Brieuc. Le raccordement du parc au réseau électrique précède le fonctionnement effectif du parc et l'injection de l'électricité dans le réseau.

La puissance des projets en cours d'instruction s'élève à 13,5 GW, dont 11,3 GW de projets éoliens terrestres et 2,1 GW de projets éoliens en mer.

La production d'électricité éolienne s'est élevée à 28,4 TWh au cours du premier semestre 2023, dont 0,8 TWh pour l'éolien en mer. Elle représente 10,8 % de la consommation électrique française du premier semestre 2023. La production augmente fortement par rapport au premier semestre 2022 (+ 48 %), du fait du développement du parc.

D'après RTE, la société en charge de gérer le Réseau de Transport de L'Electricité le développement récent des énergies éolienne et photovoltaïque en France rend indispensable l'adaptation du réseau de transport d'électricité. (Voir site RTE) L'équilibrage du réseau électrique impose une répartition homogène de la fourniture d'électricité. C'est une des raisons qui conduit à installer des fermes éoliennes dans des régions peu ventées ou irrégulièrement ventées donc avec un rendement

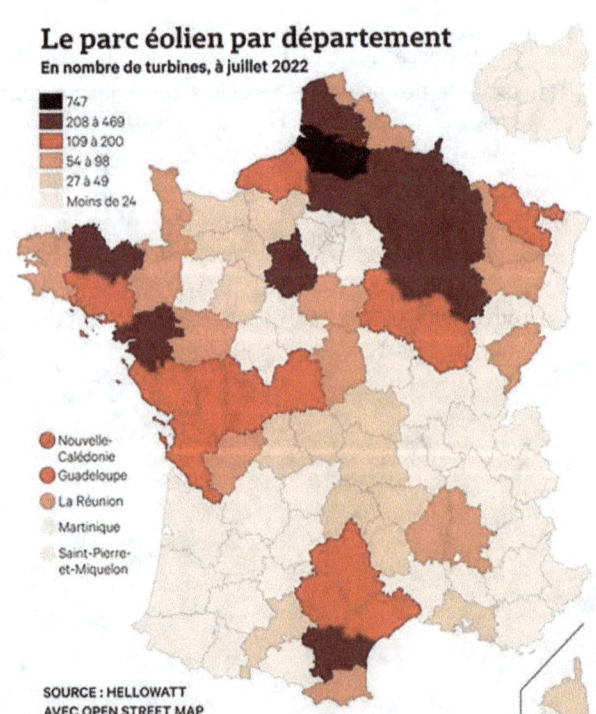

Le parc éolien par département
En nombre de turbines, à juillet 2022

SOURCE : HELLOWATT AVEC OPEN STREET MAP

diminué. Pour cela l'éolien en mer est plus intéressant car le vent est plus fréquent et plus régulier avec un meilleur rendement un peu pénalisé par le type de construction (pylône en mer avec des câbles marins coûteux).

Par ailleurs, également le surdimensionnement (surplus solaire ou éolien) peut être résolu avec le nouveau dispositif de batteries automatisées en réseau (Projet Ringo) qui permet de stocker électro-chimiquement des surplus renvoyés sur d'autres sites (première mondiale de RTE).

Projet RINGO (RTE- 2021)

Le premier cargo hybride fioul-éolien
(août 2023)

La première éolienne flottante installée sur son flotteur
(EDF juillet 2023)

En EUROPE

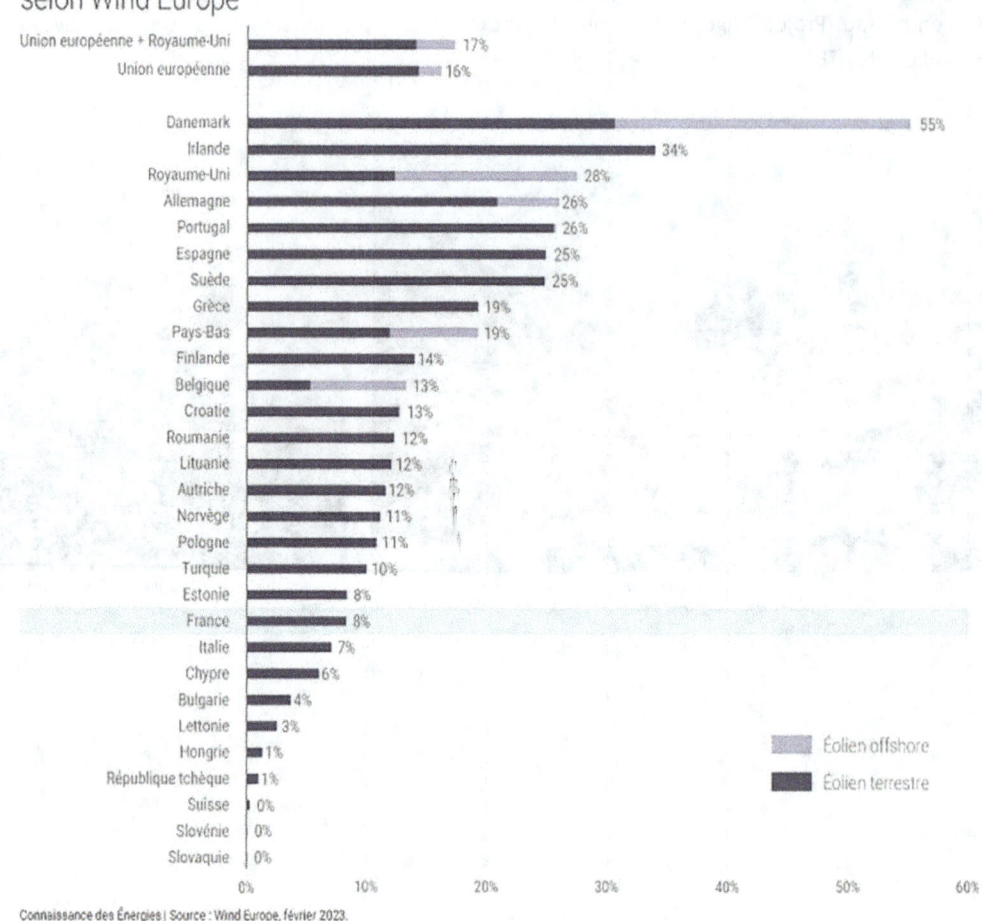

En 2022, les parcs éoliens auraient produit 489 TWh dans l'Union européenne et au Royaume-Uni, ce qui aurait permis de couvrir près de 17% de la consommation d'électricité dans cette zone, selon Wind Europe. Le Danemark et l'Irlande sont les deux pays où l'éolien occupe la part la plus importante dans le mix électrique national (respectivement 55% et 34% en 2022).

L'ENERGIE SOLAIRE : thermique et photovoltaïque en France et DROM

Thermique : Le solaire thermique est une énergie renouvelable de production de chaleur à partir du rayonnement solaire.

Les départements et régions d'Outremer (DROM) représentent 63 % des surfaces installées au cours de l'année 2019. Il s'agit essentiellement de chauffe-eaux solaires individuels (plus de 95 % du total des installations dans les DROM), utilisant majoritairement la technique des capteurs plans vitrés.

Le capteur solaire à plan vitré est le type de capteur solaire thermique le plus répandu.

Les capteurs solaires à plan vitré sont généralement composés d'un châssis (coffre) sur un fond isolant, d'un absorbeur de couleur noire en tubes de cuivre munis d'ailettes dans lequel circule le fluide caloporteur et d'une vitre.

 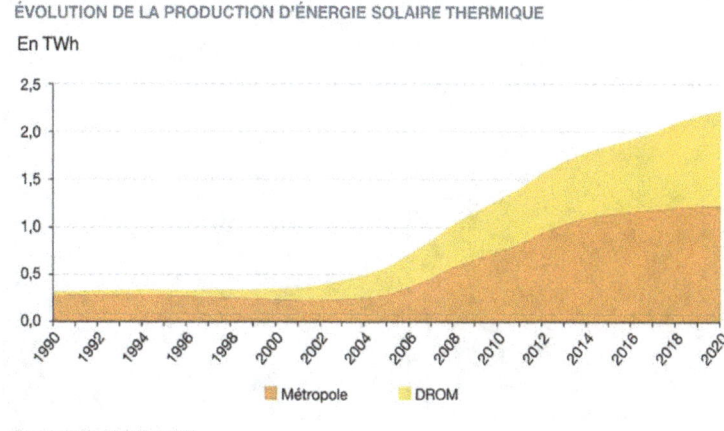

Surface installée en Millier de m2 (2019) Source : SDES, d'après Observ'ER et Insee (population estimée au 1er janvier 2019)

Le solaire photovoltaïque : le solaire photovoltaïque est une énergie renouvelable de production d'électricité à partir du rayonnement solaire.

En 2020, la production s'élève à 13,6 TWh (dont 0,5 TWh dans les DROM), en hausse de 11,1 % par rapport à 2019. La filière a bénéficié au cours des dernières années d'une baisse sensible du prix des modules photovoltaïques. L'autoconsommation photovoltaïque est par ailleurs en plein essor ces dernières années. En 2019, elle s'est élevée à 116 GWh.

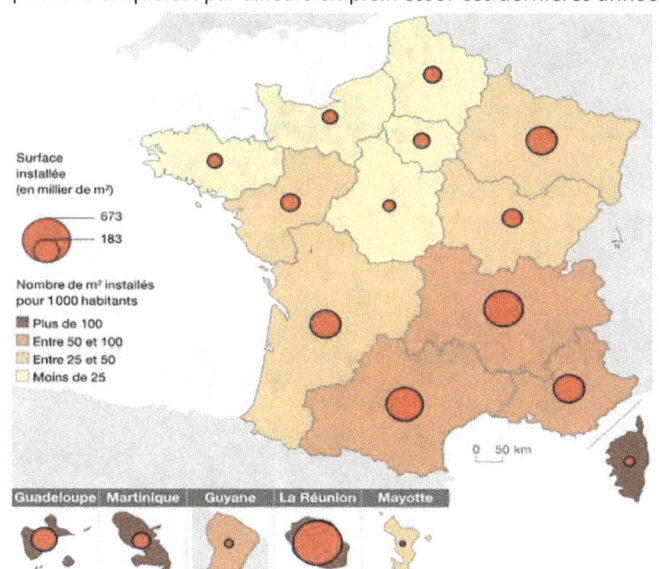

Le solaire photovoltaïque pourrait compter en 2023 pour les deux tiers des nouvelles installations de capacités renouvelables dans le monde. (Connaissance des énergies.org)

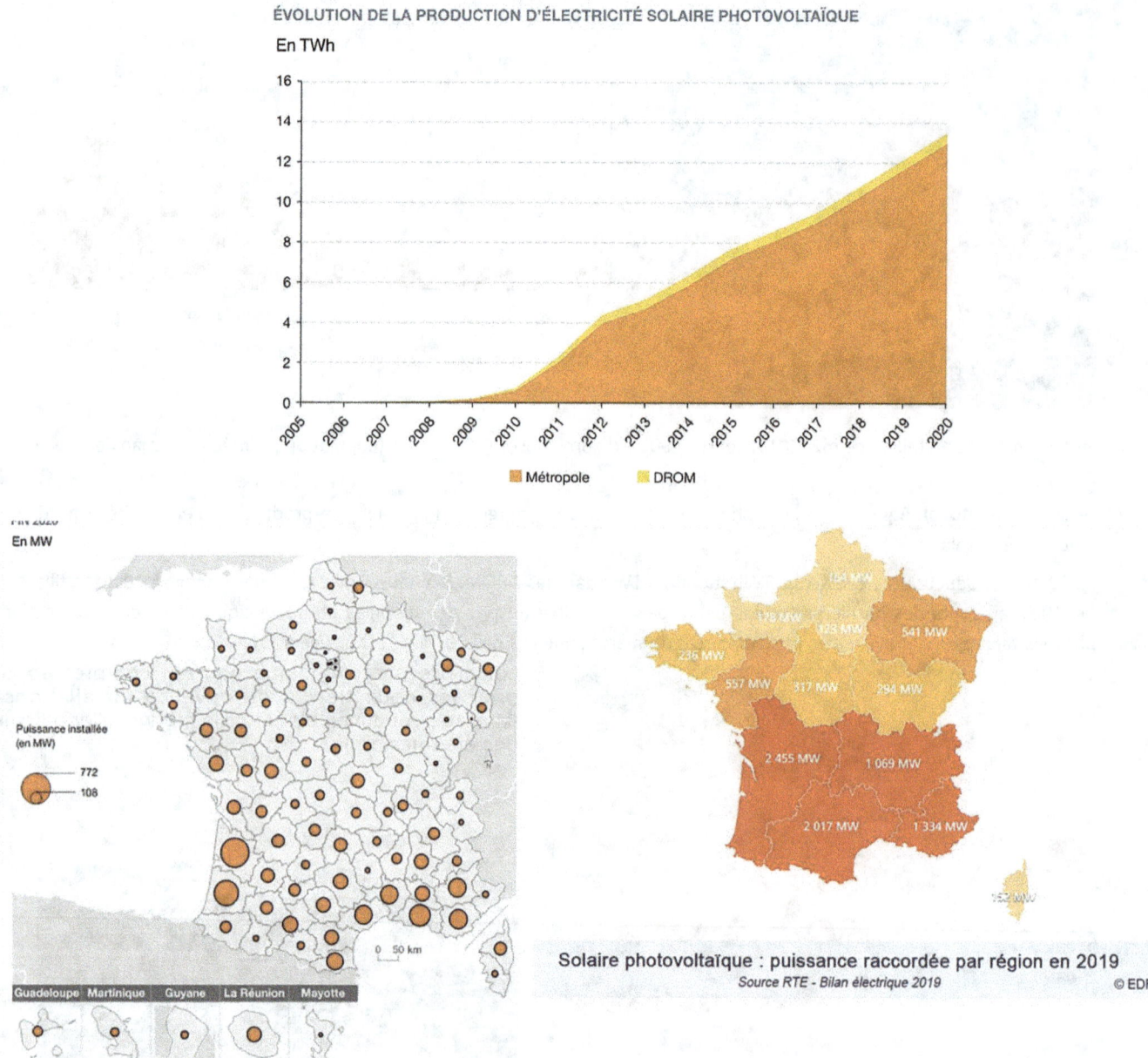

Source : SDES

L'ENERGIE SOLAIRE DANS LE MONDE

L'énergie solaire reçue au sol est variable selon la latitude, de 285 W/m2 à l'équateur à 115W/m2 en Europe en moyenne. Les rendements moyens sont de 25% si l'on veut utiliser cette énergie sous forme de chaleur (chauffe-eau solaire) et de 15% pour une utilisation électrique (photovoltaïque).

Les rendements pour les panneaux photovoltaïques varient en fonction de la dimension des panneaux, de leur orientation, de leur inclinaison, du niveau d'ensoleillement local et de leur propreté. (variation de 7 à 24%- source Selectra).

Les rendements pour le solaire thermique peuvent aller jusqu'à 80% (source Selectra) selon l'isolation du système, l'orientation du module, le choix des capteurs, à tubes ou à plans vitrés, et le taux de couverture.

Une maison avec une famille de quatre personnes nécessite en moyenne une énergie de 60.000 kWh par an à comparer avec les 100 kWh/m2/an reçu en Europe.

(Il faudrait donc 600m2 de panneaux solaires pour alimenter en énergie en totalité cette famille).

Cette source d'énergie nécessite une étude avant son implantation mais on voit que l'eau chaude qui représente 20% de l'énergie d'une maison pourrait être facilement accessible en Europe car le solaire thermique a un meilleur rendement que le solaire photovoltaïque.

L'ENERGIE HYDRAULIQUE DANS LE MONDE

L'hydroélectricité est de loin la première des énergies renouvelable dans le monde. Elle fournit 15% du mix énergétique mondial avec la Chine comme premier producteur (30%).

L'hydroélectricité dans le monde produit 4300 TWh d'électricité à partir de l'énergie hydraulique. (BP statistical review 2022).

Les grands producteurs sont la Chine, suivi du Canada, du Brésil et des Etats-Unis, soit des pays ayant de grandes réserves d'eaux fluviales (Chine et Brésil) ou des grands lacs (Canada, Etats-Unis).

Cette énergie présente de nombreux avantages : une très longue durée de vie de l'investissement, un coût d'exploitation faible, une souplesse d'emploi permettant un démarrage rapide des installations aussi bien en utilisation régulière qu'en utilisation de pointe.

Le plus grand barrage au monde en Chine. (photo ci-dessous). Le barrage des 3 gorges produit une quantité d'électricité équivalente à 20 centrales nucléaires.

2.5 km de long, 115 m de large, 185 m de haut, un lac de retenue de 54.000 km2

Ce barrage est situé à Zeng Nian sur le fleuve Yangtse. Le barrage est constitué de plusieurs parties avec d'ouest en est : une usine avec quatorze turbogénérateurs d'une puissance unitaire de 700 MW, un tronçon déversoir, une deuxième usine avec douze turbogénérateurs d'une puissance unitaire de 700 MW, la partie destinée à la navigation, avec ascenseur à bateau et cascade d'écluses, une troisième usine hydro-électrique composée de six turbogénérateurs d'une puissance unitaire de 700 MW et de deux groupes de 50 MW chacun.

Ce barrage a une puissance installée de 22500 MW. Un projet hors norme qui a vu déplacer des millions de personnes et familles.

La répartition de l'hydraulique dans le monde : les pays développent les sources d'énergie en fonction de leur géographie locale.

Pays	2020	2021	Part dans la génération hydroélectrique mondiale
Chine	1321,7	1300,0	30,4%
Canada	386,5	380,8	8,9%
Brésil	396,4	362,8	8,5%
États-Unis	282,8	257,7	6,0%
Russie	212,4	214,5	5,0%
Inde	163,7	160,3	3,8%
Norvège	140,7	143,1	3,3%
Japon	77,4	77,6	1,8%
Vietnam	73,4	75,9	1,8%

L'ENERGIE HYDRAULIQUE EN FRANCE

La production effective varie fortement en fonction des conditions hydrologiques, de 50,3 TWh en 2011 à 62.5 TWh en 2021, qui a représenté 12 % de la production électrique annuelle.

EDF exploite **425** centrales hydrauliques et plus de **600** barrages en France.
Source (RTE 2021)

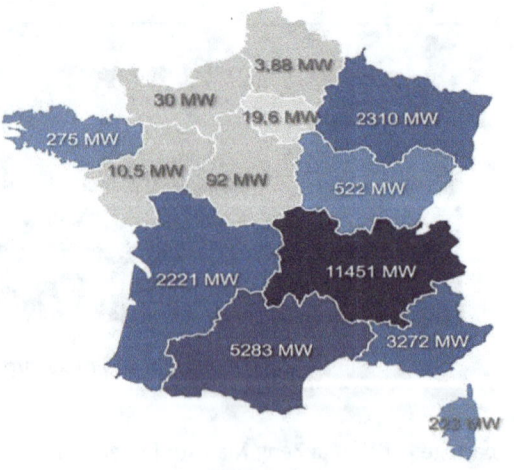

RESSOURCES HYDRAULIQUES MONDE PAR REGIONS

On constate dans les pays émergents des potentialités importantes qui ne sont pas exploitées car le développement économique de ces pays n'est pas suffisant pour de tels investissements.

La petite hydraulique est d'un coût plus élevé mais permet de réaliser des microcentrales avec des puissances adaptées à une utilisation locale (plutôt rurale). Cette technologie pourrait être valorisée et représenter environ 10% de la production de la grande hydraulique. Elle présente un intérêt certain dans les pays émergents sur des sites isolés.

Amérique du Nord (Installé 178 GW - Capacité 380 GW)

Amérique du Sud et Centrale (Installé 143 GW – Capacité 875 GW)

Afrique (Installé 24 GW – Capacité 273 GW)

Europe (Installé 223 GW – Capacité 353 GW)

Moyen Orient (Installé 15 GW – Capacité 26 GW)

Russie et ex pays de la CEI (Installé 81 GW – Capacité 519 GW)

Asie (Installé 216 GW – Capacité 774 GW)

Australie et Océanie (Installé 13 GW – Capacité 25 GW)

LA GEOTHERMIE

L'énergie géothermique provient de la désintégration des éléments radioactifs à longue période (uranium, thorium, potassium 40,etc) de la croûte terrestre. (source : Académie des technologies – les technologies des énergies renouvelables) Dans les zones volcaniques les nappes phréatiques sont chauffées par la proximité des laves en fusion.

L'augmentation de la température avec la profondeur est de l'ordre de 40°C par km soit des températures de 160°C à 4000 mètres sous la surface. Dans les zones volcaniques où les écarts de température peuvent atteindre 300°C par km soit des températures de 600°C à 2000m sous la surface, il est possible de produire de l'énergie thermique et électrique.

Ces zones très chaudes sont peu fréquentes en Europe (Italie et Islande) mais abondantes dans certains pays (Indonésie, Japon, Phillipines, Nouvelle Zélande, Mexique,etc) En France la seule centrale thermique est à Bouillante en Guadeloupe. (zone volcanique).

81,7 TWh : la production d'électricité géothermique dans le monde (sur un total de 25 000 TWh) soit 0,3% de la production mondiale d'électricité. L'électricité géothermique est importante dans certains pays comme le Kenya (près de 50 % de la production électrique nationale) l'Islande (30%) et les Philippines (17%).

Production en France

ÉVOLUTION DE LA PRODUCTION D'ÉNERGIE GÉOTHERMIQUE

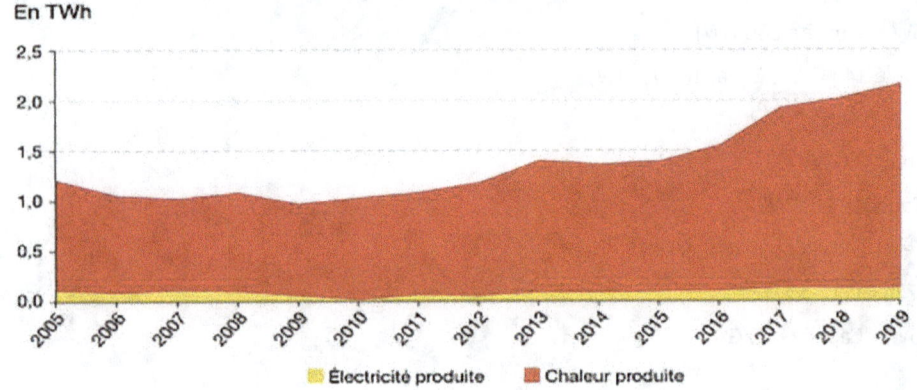

Source : calculs SDES

LES POMPES A CHALEUR

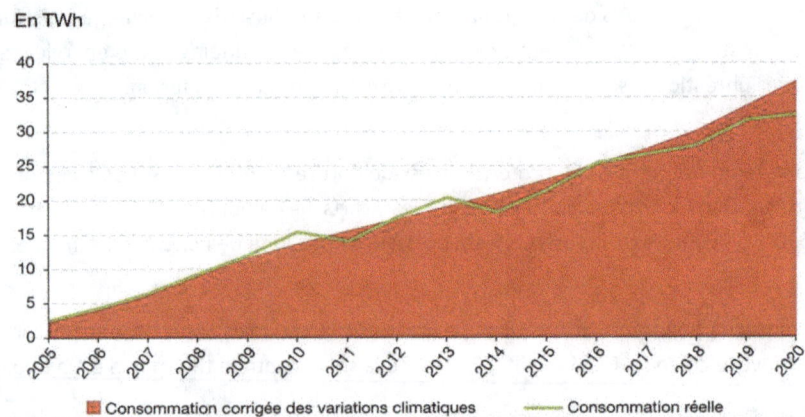

Champ : France métropolitaine

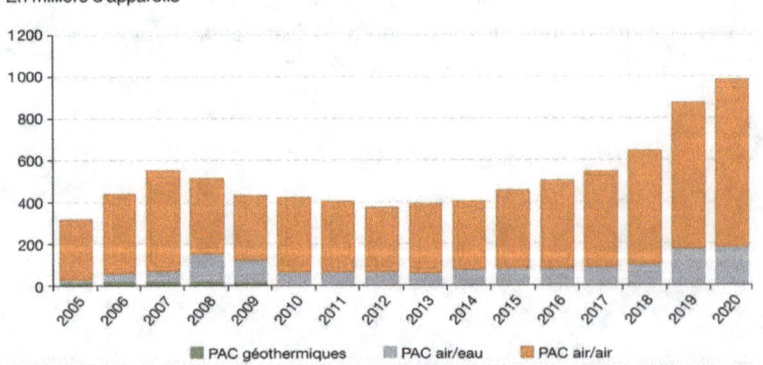

Source : SDES

Les pompes à chaleur produisent de la chaleur en puisant des calories dans le sol ou les eaux souterraines (géothermie dite de « très basse énergie », températures inférieures à 30 °C) ou dans l'air (aérothermie). Le parc de pompes à chaleur (PAC) installées en France continue de croître, principalement sur le segment des appareils air-air. La production de chaleur renouvelable à partir de pompes à chaleur s'établit à 38 TWh en 2020, en hausse de 11 % sur un an, à climat constant.

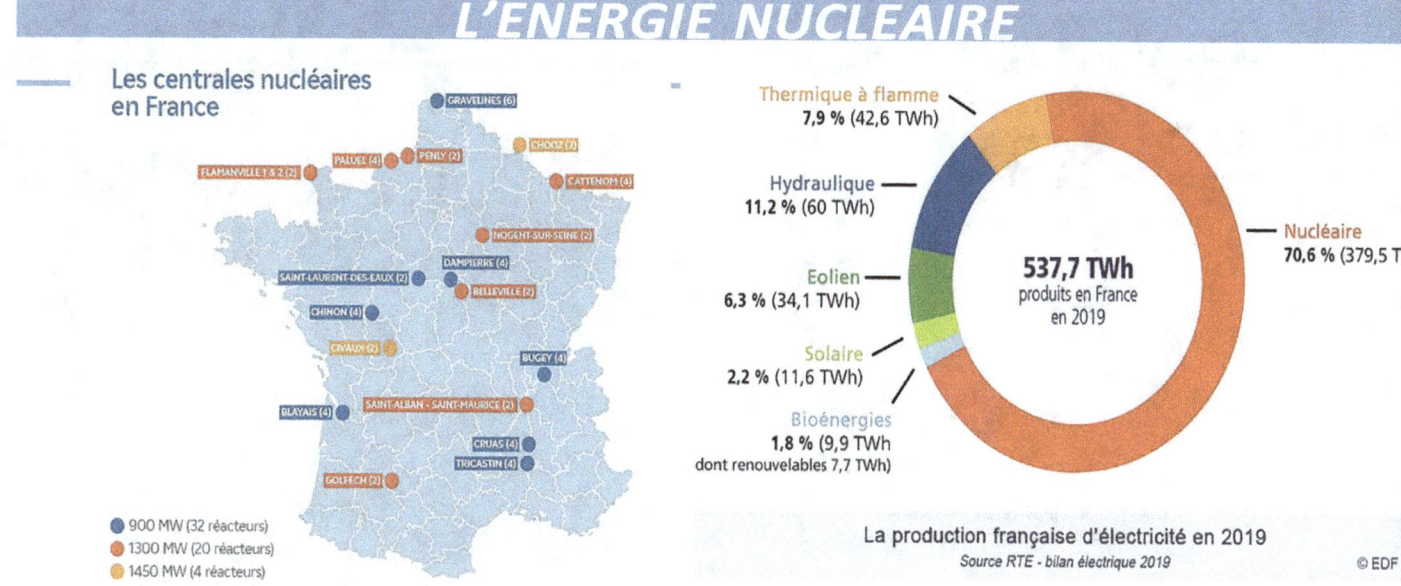

LE NUCLEAIRE DANS LE MONDE

Avec une production de 2710 TWh en 2018 (10% de la production mondiale d'électricité) le nucléaire est la 3ème source de production d'électricité dans le monde.

Début 2020, le monde comptait 443 réacteurs nucléaires en fonctionnement dans 30 pays. Dans le tableau ci-dessous (à gauche) on voit que la production électrique d'origine thermique (fuel ou charbon) est encore très développée dans le monde comparée à la production d'origine nucléaire (tableau de droite).

En 2018, les États-Unis (841,3 TWh), la France (412,9 TWh) et la Chine (295 TWh) sont les trois principaux pays producteurs d'électricité d'origine nucléaire.

Répartition de la production d'électricité d'origine nucléaire par continents en 2019
Source : World Nuclear Association (WNA)
@EDF

Pays	Production	% national
Chine	5 043,9 TWh	70%
États-Unis	2 834,2 TWh	64%
Inde	1 244,8 TWh	79%
Japon	768,5 TWh	73%
Russie	713,5 TWh	64%
Corée du Sud	426,8 TWh	73%
Arabie Saoudite	378,0 TWh	100%
Allemagne	327,5 TWh	51%
Mexique	266,7 TWh	79%
Iran	256,9 TWh	92%
(France)	(47,2 TWh)	(8%)

Principaux pays producteurs d'électricité d'origine thermique à combustion fossile en 2018

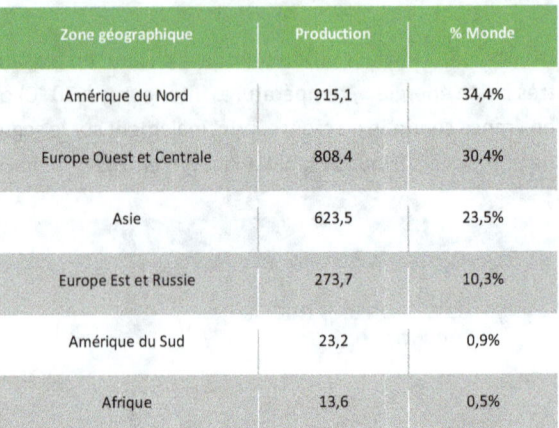

Zone géographique	Production	% Monde
Amérique du Nord	915,1	34,4%
Europe Ouest et Centrale	808,4	30,4%
Asie	623,5	23,5%
Europe Est et Russie	273,7	10,3%
Amérique du Sud	23,2	0,9%
Afrique	13,6	0,5%

Source : International Energy Agency (IEA)
@EDF

RETRAITEMENT ET DECHET

Le retraitement des combustibles nucléaires, comme toute opération de recyclage, opère un tri sélectif entre les déchets ultimes et les matières valorisables sur le plan énergétique.

Les trois états d'âme du nucléaire en France (sureté, déchets et effluents) ne semblent pas justifiés au regard des autres industries.

Sureté : Zéro accident avec les réacteurs nucléaires en France. La convention internationale de sureté crée en 1994 veille sur l'ensemble du parc mondial. L'autorité de Sureté Nucléaire (ASN) assure, au nom de l'État, le contrôle de la sûreté nucléaire et de la radioprotection en France pour protéger les travailleurs, les patients, le public et l'environnement des risques liés aux activités nucléaires.

Déchets : Les quantités de déchets produits par l'industrie nucléaire française ne représente que 0,6% des Déchets Industriels Spéciaux (DIS). A la différence de la plupart des DIS la nocivité des déchets nucléaires disparait avec le temps (décroissance radioactive). Les produits nucléaires sont triés, empaquetés, contrôlés et supervisés, ce qui reste à faire pour la plupart des autres déchets dangereux.

Déchets français (millions de tonnes par an) : Déchets industriels 300, DIS 11 (dont 1,1 déchets nucléaires)

Vue éclatée d'un conteneur en inox (h 1,50m Diamètre 40 cm) renfermant les déchets vitrifiés pour un stockage en profondeur

(Déchets de haute activité)

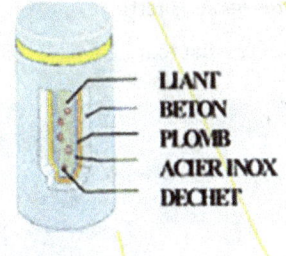

Conteneur en béton pour les déchets de surface

Effluents : Les rejets des effluents des centrales nucléaires et des usines nucléaires sont largement inférieurs aux normes légales. En exemple les effluents liquides de l'usine de retraitement de la Hague représentent le quart des normes autorisées.

LES DECHETS NUCLEAIRES (ANDRA 2023)

Andra : Agence Nationale pour la gestion des déchets radioactifs

Les déchets nucléaires font parties des DIS et représentent 10% des DIS (déchets toxiques dangereux : acides, solvants, métaux lourd, pesticides, engrais…)

Ces déchets autres que nucléaires doivent être collectés, stockés, parfois recyclés et placés dans des conteneurs et entreposages sans conséquence sur l'environnement et la santé humaine.

En France la société ANDRA gère les centres de stockage de matière radioactive : le Centre de stockage de la Manche (CSM), situé dans la Région Normandie, les centres industriels de l'Andra dans l'Aube (CSA et Cires) et le Centre de Meuse/Haute-Marne (CMHM), situés dans la région Grand Est.

En France, il existe 6 catégories de déchets radioactifs :

1. Vie très courtes (VTC)
2. Très faible activité (TFA), gravats, ferrailles,
3. Faible et moyenne activité à vie courte (FMA-VC), vêtements, outils, filtres,
4. Faible activité à vie longue (FA-VL), déchets anciens d'activités anciennes
5. Moyenne activité à vie longue (MA-VL), gaines, coques et embouts d'assemblage combustible
6. Haute activité (HA). Produits issus de la fission nucléaire

Les TFA : La radioactivité des déchets de très faible activité (TFA) peut être proche de la radioactivité naturelle. Ces déchets TFA sont principalement constitués de gravats (bétons, plâtres, terres) et ferrailles (charpentes métalliques, tuyauteries) ayant été très faiblement contaminés. <u>La France est le premier pays au monde à considérer l'ensemble de ces déchets comme des déchets radioactifs et à les stocker dans une installation spécifique.</u>

Les FA : Les déchets de faible et moyenne activité à vie courte (FMA-VC) sont essentiellement des matériels utilisés dans différentes activités liées aux installations nucléaires : vêtements, outils, filtres… Ces déchets caractérisés par leur vie courte sont généralement compactés, puis conditionnés dans un fût en métal ou en béton avant de pouvoir être stockés dans un centre adapté à leur nature, le Centre de stockage de l'Aube (CSA).

Les MA : Les déchets de moyenne activité à vie longue (MA-VL) sont principalement produits par l'industrie électronucléaire. En France, la plus grande partie de ces déchets provient des opérations de traitement des combustibles utilisés dans les réacteurs nucléaires. Leur niveau de radioactivité et leur longue durée de vie amènent aujourd'hui les chercheurs et industriels de l'Andra à concevoir un centre de stockage profond, situé dans une couche d'argile, à environ 500 mètres sous terre.

Les déchets MA-VL solides est compactée sous forme de galettes. Elles sont ensuite introduites dans des colis en béton ou en métal.

Les HA : Les déchets les plus radioactifs produits en France sont les déchets de haute activité (HA) en provenance, pour la plupart, de l'industrie électronucléaire. Ils correspondent essentiellement aux résidus hautement radioactifs issus du traitement des combustibles utilisés dans les centrales nucléaires. Ils peuvent avoir une durée de vie très longue (plusieurs centaines de milliers d'années). Leur niveau de radioactivité et leur longue durée de vie amènent aujourd'hui les chercheurs et les industriels à concevoir un Centre de stockage géologique (Cigéo) situé dans une couche d'argile à environ 500 mètres sous terre.

Les déchets HA sont vitrifiés et coulés dans des cylindres en acier inox de 40 cm de diamètre et 1,30m de hauteur.

Plus l'activité est forte et longue, plus les quantités sont faibles

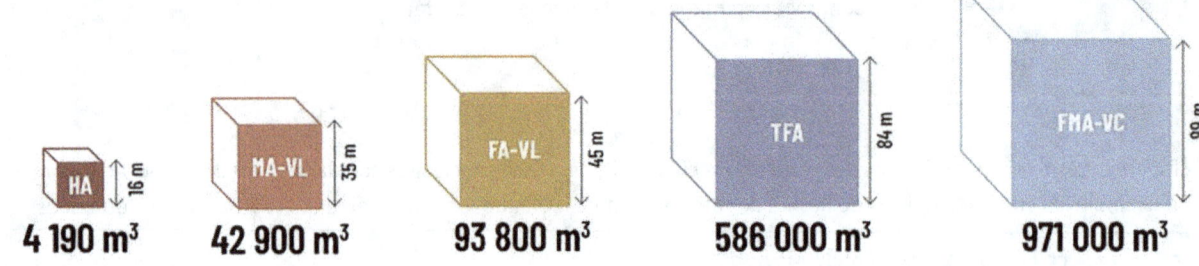

Provenance des déchets radioactifs

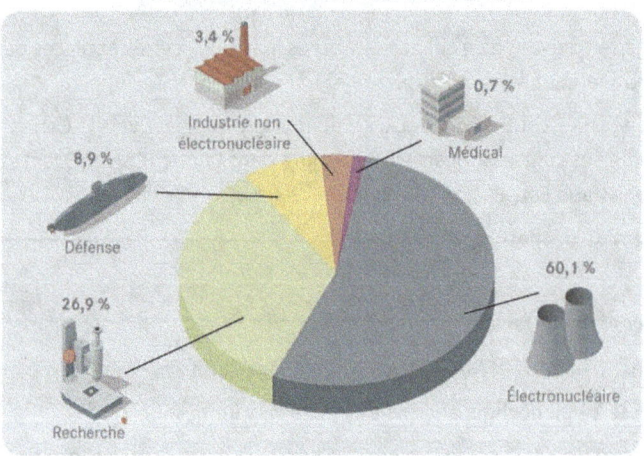

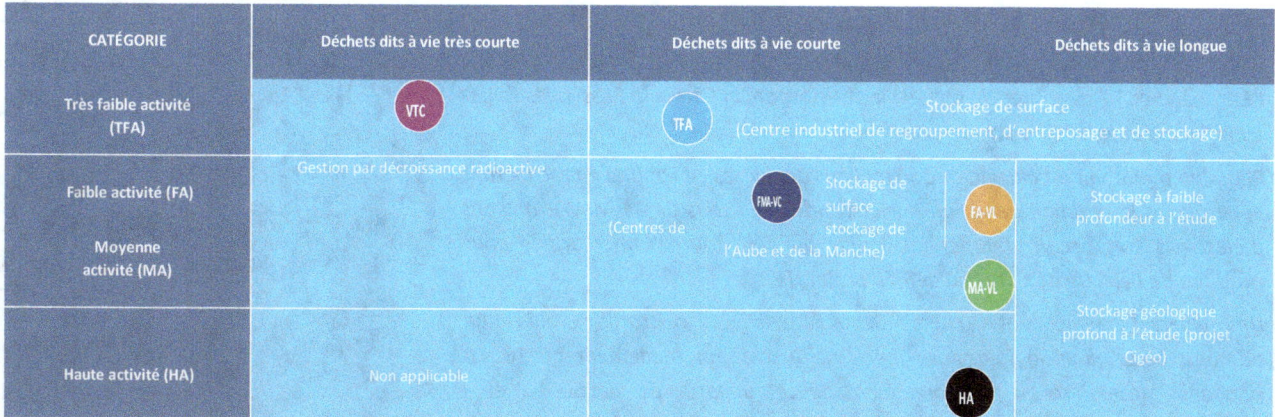

Pourquoi vitrifie-t-on les déchets nucléaires de haute activité ?

En 1972, au Gabon dans la région nommée OKLO plusieurs filons uranifères, vieux de 2 milliards d'années ont été découverts par des physiciens français (Mr PERRIN et al). La concentration en uranium 235 (l'uranium fissile permettant la fission nucléaire) était diminuée de quelques % par rapport à celle existante naturellement soit 0,72%.

Il y a 2 milliards d'années les conditions (concentration en U235 de 3,5% égale à celle existante dans les réacteurs d'aujourd'hui et présence d'eau comme modérateur)) étaient requises pour déclencher et maintenir une réaction nucléaire, ceci étant démontré par la présence de produits de fission dans les filons. Ces réacteurs naturels ont fonctionné pendant des dizaines voire centaines d'années en consommant de l'uranium 235 c'est-à-dire en produisant des réactions nucléaires comme dans le cœur d'un réacteur existant de nos jours.

Dire que la fission nucléaire n'est pas naturelle alors qu'elle existe depuis 2 milliards d'années !

La température élevée due aux réactions nucléaires a vitrifié une partie des filons uranifères. EUREKA voilà comment conserver des déchets nucléaires de haute activité en toute sécurité puisqu'ils sont restés immuables en 2 milliards d'années dans le filon vitrifié.

LA FUSION THERMONUCLEAIRE

La fusion thermonucléaire utilise l'énergie colossale fournie par la fusion de deux isotopes de l'hydrogène (deutérium et tritium) à quelques centaines de millions de degré. Le maintien de cette réaction thermonucléaire ne peut se faire que dans un tore magnétique sous vide.

Tore magnétique sous vide

Cette technologie produira également des déchets nucléaires mais en moindre quantité par rapport à un réacteur nucléaire. On supprime en particulier des déchets à vie longue. Les progrès de la science et de la technologie ont permis d'obtenir des quantités d'énergies très importantes et très concentrées en passant des énergies mécaniques (éoliennes et hydrauliques) aux énergies chimiques (combustibles fossiles) puis aux énergies nucléaires (fission et fusion). Les équipements de recherche qui permettent d'étudier la fusion thermonucléaire s'appellent des « tokamak ».

Le projet « ITER » en fin de construction et démarrage des essais en France, à Cadarache permettra de passer de l'étape laboratoire à l'étape prototype industriel avec comme objectif de puissance 500MW. La réussite d'un tel projet permettrait de voir le développement industriel de ces réacteurs dans la seconde moitié de notre siècle et fournirait au monde une énergie quasi inépuisable.

LE PROJET ITER (International Thermonuclear Energy Reactor)

ITER est le plus grand projet international avec 35 pays membres comprenant l'Europe avec 27 membres, *la Chine, l'Inde, le Japon, la Corée, la Russie, les Etats-Unis, la Suisse et le Royaume-Uni.*

Réussir à maintenir un plasma de 150 millions de degrés en continu en récupérant l'énergie de la réaction de fusion nucléaire (des neutrons de 14 MeV – millions d'électrons volts) pour chauffer un liquide qui fera tourner une turbine pour produire de l'électricité : Voilà le défi du projet ITER

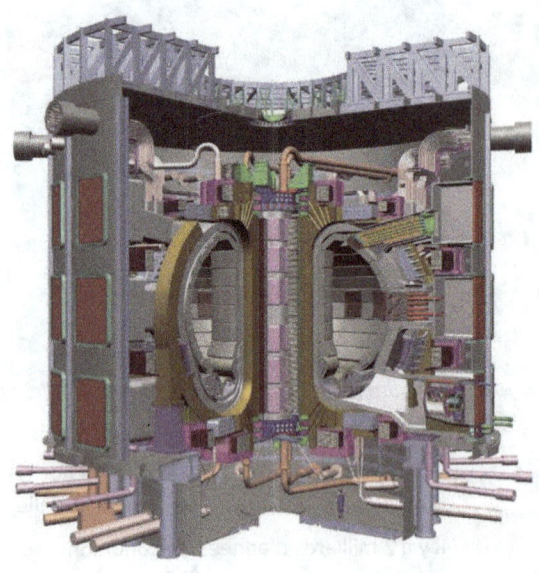

Des milliers d'ingénieurs et de chercheurs ont travaillé sur ce prototype qui est un démonstrateur pour la fourniture d'électricité avec un rendement de 10. La puissance nécessaire au fonctionnement de cet appareil est de 50MW et il produira 500MW. Ce démonstrateur ne produira pas d'électricité mais servira pour la conception des futurs réacteurs à fusion.

Les avantages : *Cette énergie de l'avenir ne produit que peu de déchets radioactifs (et recyclables après 100 ans) et sa source (hydrogène et lithium) permet son utilisation pendant plus de 1000 ans.* **Aucun déchet radioactif de haute activité à vie longue, aucune prolifération, aucune fusion du cœur ne sont possibles.**

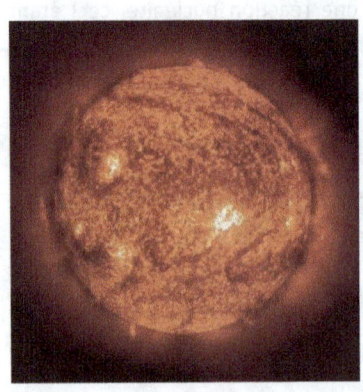

La fusion est une réaction nucléaire avec des éléments légers comme le deutérium et le tritium qui permet au Soleil et aux étoiles d'exister en nous éclairant et nous chauffant. Cette source d'énergie non-émettrice de carbone servira pour l'approvisionnement énergétique durable dans le monde.

Les sources d'approvisionnement : Les éléments deutérium et tritium sont les combustibles de la fusion. Le deutérium peut être obtenu à partir de l'eau ; le tritium sera produit pendant la réaction de fusion lorsque les neutrons issus de la fusion des noyaux interagiront avec le lithium des modules placés dans la chambre à vide.

(Les réserves de lithium dans la croûte terrestre permettraient l'exploitation de centrales de fusion pendant plus de 1 000 ans ; celles des océans pourraient répondre aux besoins pendant des millions d'années.) La capacité de générer du tritium par le biais de la réaction de fusion, et le récupérer, est essentielle pour les futures centrales industrielles de fusion (source ITER).

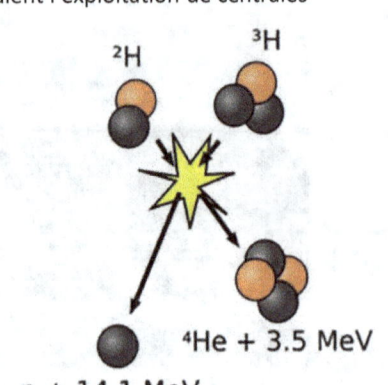

LES PILES A COMBUSTIBLE

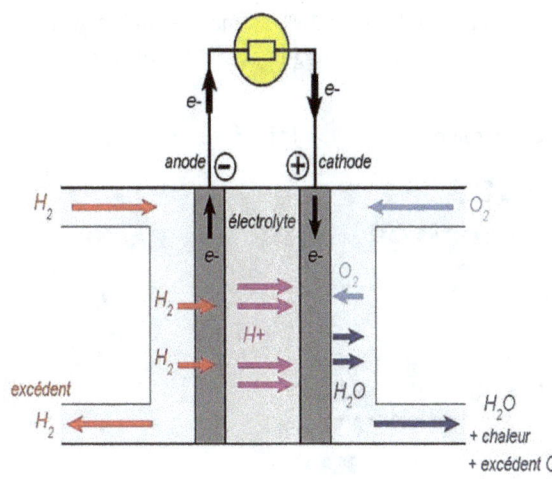

Les piles à combustible transforment l'énergie chimique en électricité. La réaction de l'hydrogène avec l'oxygène produit du courant électrique, de la vapeur d'eau et de la chaleur.

Les piles à combustibles génèrent du courant continu. Les rendements théoriques globaux sont de l'ordre de 50%. Aujourd'hui les piles à combustible sont développées au niveau industriel (Areva Technologies stockage d'énergie, Ballard, efoy, ElectroChem, Fujian yanan power group, Greenlight Innovation Corp., Horizon Fuel Cell, etc).

La pile à combustible n'est pas une énergie en soi mais un système de transformation d'énergie (analogue à un moteur). Si l'on veut que la pile à combustible soit un moyen de lutte contre l'effet de serre, l'hydrogène qu'elle utilise doit être produit par des techniques non émettrices de GES ou provenir de l'hydrogène natif (voir paragraphe Hydrogène).

L'utilisation des piles à combustible dans le transport dépendra de leur compétitivité vis-à-vis des motorisations classiques ou hybrides. Les motoristes mettent au point un véhicule fonctionnant avec des piles à combustible (Renault, Stellantis, etc) Tous les pays travaillent sur ce type de pile : l'Europe, les Etats-Unis, le Canada, le Japon, etc.

Les 6 grandes familles de pile à combustible		
Famille de pile	Température utilisation °C	Applications
Membrane échangeuse d'ion PEMFC	60 – 90	Portable – transport Stationnaire
Méthanol direct DMFC	60 – 90	Portable - transport
Acide phosphorique PAFC	160 – 220	Transport - Stationnaire
Alcaline AFC	50 - 250	Spatial - Transport
Carbonate fondu MCFC	650	Stationnaire
Oxyde solide SOFC	750 – 1050	Stationnaire

Source CEA Th. PRIEM Les technologies avancées

La puissance de ces piles va de quelques watts au Mwatts. On peut ainsi alimenter un portable, un ordinateur, une voiture, un bus, un tram voire un bateau.

LE TRANSPORT

Le transport est responsable pour 25% des émissions de GES. C'est un secteur maitrisable par l'homme et son évolution devrait permettre de diminuer fortement ces émissions.

Le passage des véhicules à moteurs à combustion au véhicule hybride a permis d'améliorer l'atmosphère des villes et de réduire les émissions de GES. Le développement de ce type de véhicule aurait dû se faire progressivement mais le marché économique en a décidé autrement.

A savoir que 6 entreprises chinoises de production automobile électrique ont adopté la stratégie du tout électrique ; En maitrisant la fabrication des batteries, ils ont pris de court toutes les autres entreprises de production automobile dans le monde (Toyota, Ford, Renault, Peugeot, Kia,...).

La course à la production de voiture électrique est engagée. Aujourd'hui Tesla est leader avec 18% du marché mais suivent les entreprises chinoises BYD avec 13%, SAIC-moto avec 10%, Geely – Volvo avec 5,1%, et Volskwagen avec 7,5%,et Hundai – Kia avec 4,8% du marché (source Clean Technica , Nov 2022).

L'Europe a lancé des projets de giga usines de productions de batteries qui devraient bientôt voir le jour.

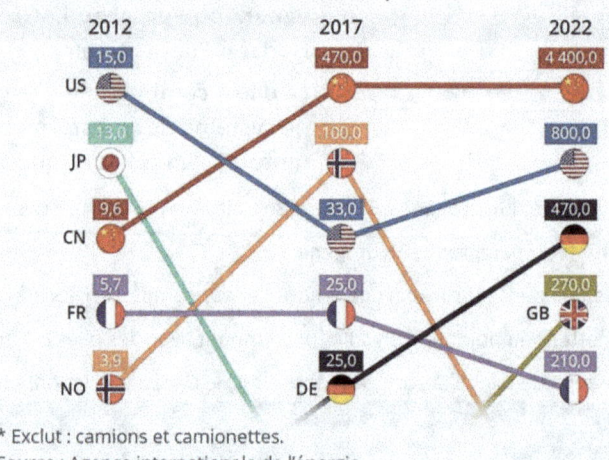

La chine est aujourd'hui le pays où l'on vend le plus de voitures électriques. La voiture représente encore 71% des déplacements en France et reste un moyen de locomotion important en particulier en zone rurale

Les voitures électriques : la problématique des batteries en Europe

En Europe, dans les grands pays européens la part des nouvelles immatriculations des véhicules électriques atteint 15,5% en France, 15,8% en Allemagne, 16,1% au Royaume-Uni. La Norvège tient le record en 2023 avec 83%.

En Europe les nouvelles immatriculations représentent 14% en juillet 2023. En juillet 2023, La vente des voitures électriques a dépassé en Europe la vente des voitures diesel.

Par rapport à la voiture à moteur à combustion, la voiture électrique présente l'avantage de ne pas polluer en roulant et d'émettre peu de GES sur le cycle de vie.

Les inconvénients d'aujourd'hui sont liés à l'autonomie, la recharge, le changement et le coût de la batterie (40 à 50% du prix du véhicule)

De plus il faut un réseau de postes de recharge suffisant pour de long déplacement (>500kms) pour éviter d'être en panne. La recharge doit être suffisamment rapide pour ne pas pénaliser les transporteurs ou tout corps de métier qui utilise son véhicule pour travailler.

A ce jour, la quasi-totalité des batteries utilisent du lithium-ion. L'approvisionnement en lithium pourrait devenir un problème. C'est pourquoi le premier fabricant de batterie au monde, le chinois CATL se lance dans la fabrication de batterie au sodium.

L'Europe, compte tenu du retard accumulé par rapport à la Chine, a décidé en 2020 d'installer des usines de production de batteries pour les voitures électriques. La carte ci-dessous montre l'étendue des projets européens.

Les différents types de batterie pour véhicule électrique :

- les batteries au cobalt NMC (nickel, manganèse et cobalt) et NCA (nickel, cobalt et aluminium) avec une bonne densité énergétique et une bonne capacité de décharge (un courant de décharge faible donc un temps de décharge long donc une capacité utile élevée).
- les batteries LFP (Lithium Fer Phosphate) réduisent fortement le coût au KWh mais avec une densité énergétique plus faible et résiste moins au froid d'où un préchauffage est nécessaire.
- les batteries solides : l'électrolyte liquide a été remplacé par un électrolyte solide

La différence entre une batterie Li-ion et une batterie solide // *Source : Samsung*

Les avantages de la batterie solide sont une densité énergétique plus grande donc gain en autonomie, une plus grande stabilité avec un électrolyte solide (risque d'incendie faible) et un gain en volume.

- L es batteries Lithium-ion ou sodium–ion qui ont une densité énergétique plus faible et un coût moindre pour les sodium-ion.

Technologie	Avantages	Inconvénients
NMC ou NCA	Puissance, vitesse de charge, densité énergétique	Sécurité, charge a 100 % fréquente non recommandée
LFP	Durée de vie, sécurité, charge à 100%. coût	Sensible au froid, plus lourde, moins puissante
Solides ou semi-solides	Sécurité, autonomie	Coût
Sodium-ion	Coût, impact environnemental	Densité énergétique

Source (Transport et Environnement)

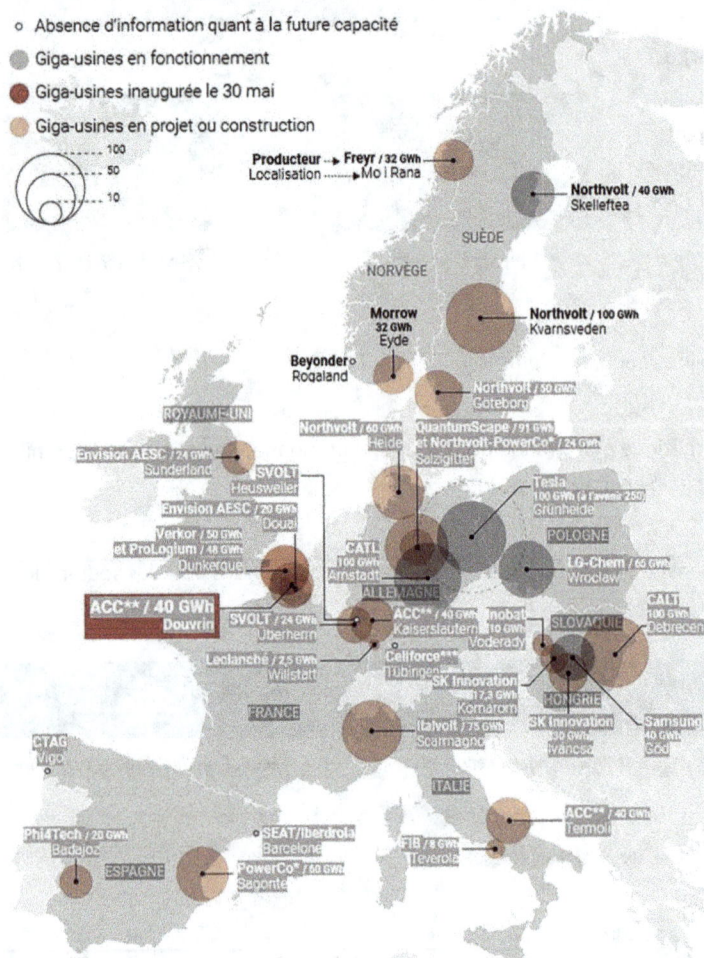

* Volkswagen **Stellantis, Mercedes et TotalEnergies *** Custtomcells et Porsche

BILAN CARBONE AU QUOTIDIEN (en cycle de vie)
(Source : sdes. gouv)

Les principales empreintes « carbone » sont celles des déplacements, de l'habitat, de l'alimentation et des équipements. Ces valeurs sont données en cycle de vie. Pour une voiture le cycle de vie concerne les dépenses en CO2 lors de sa conception, sa fabrication, son utilisation, son entretien et son recyclage.

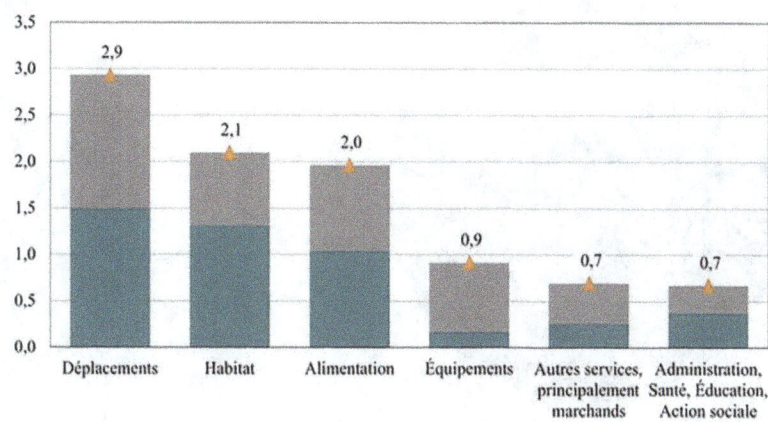

Décomposition de l'empreinte carbone par poste de consommation en 2019
En tonnes de CO_2 eq par an et par personne

L'empreinte carbone du poste « déplacement » est estimée à 2,9t CO2éq/per/an.

- 60% de ces émissions proviennent de la fabrication et de la combustion des carburants,
- 19% de la construction des véhicules et leur entretien,
- 10% des voyages par avion,
- 11% des services de transport terrestre et maritime et leur construction,

L'empreinte carbone du poste habitat est de 2,174 tCO2éq/pers/an.

- 37% dus au chauffage au gaz et au fuel,
- 21% dus à la consommation d'électricité et de chaleur,
- 34% dus à la construction et aux matériaux utilisés,

L'empreinte carbone due à l'alimentation est de 2,096tCO2éq/pers/an

- 51% dus à l'alimentaire transformé par l'industrie agroalimentaire,
- 2 6% dus aux produits agricoles issus des exploitations (fruit, légume, viande, laitage, poisson, céréales...),
- 14% dus à la restauration collective,
- 9% cuisson des aliments et déchets alimentaires,

L'empreinte carbone due aux équipements (appareils, mobiliers, outils, numérique) est de moins de 1tCO2/ pers/an

- 16% les appareils électriques et informatiques,
- 13% les vêtements,
- 12% les mobilier,
- 35% d'autres biens,

LIEN entre LA CONSOMMATION liée au NUMERIQUE et LES EMISSIONS DE GES

La consommation énergétique du numérique est celle liée à la consommation électrique des différents équipements et des infrastructures : WEB, réseaux sociaux, 3G, 4G, 5G, block Chain, IA, Datacenter, ordinateurs, routeurs, serveurs, stockeurs, tablettes, Box, Décodeurs, téléphones, mais également tous les équipements qui fournissent ces services comme les antennes relais, les câbles sous-marins, les fibres optiques, les répartiteurs...

En terme de cycle de vie il faut ajouter l'énergie dépensée pour fabriquer ces différents équipements.

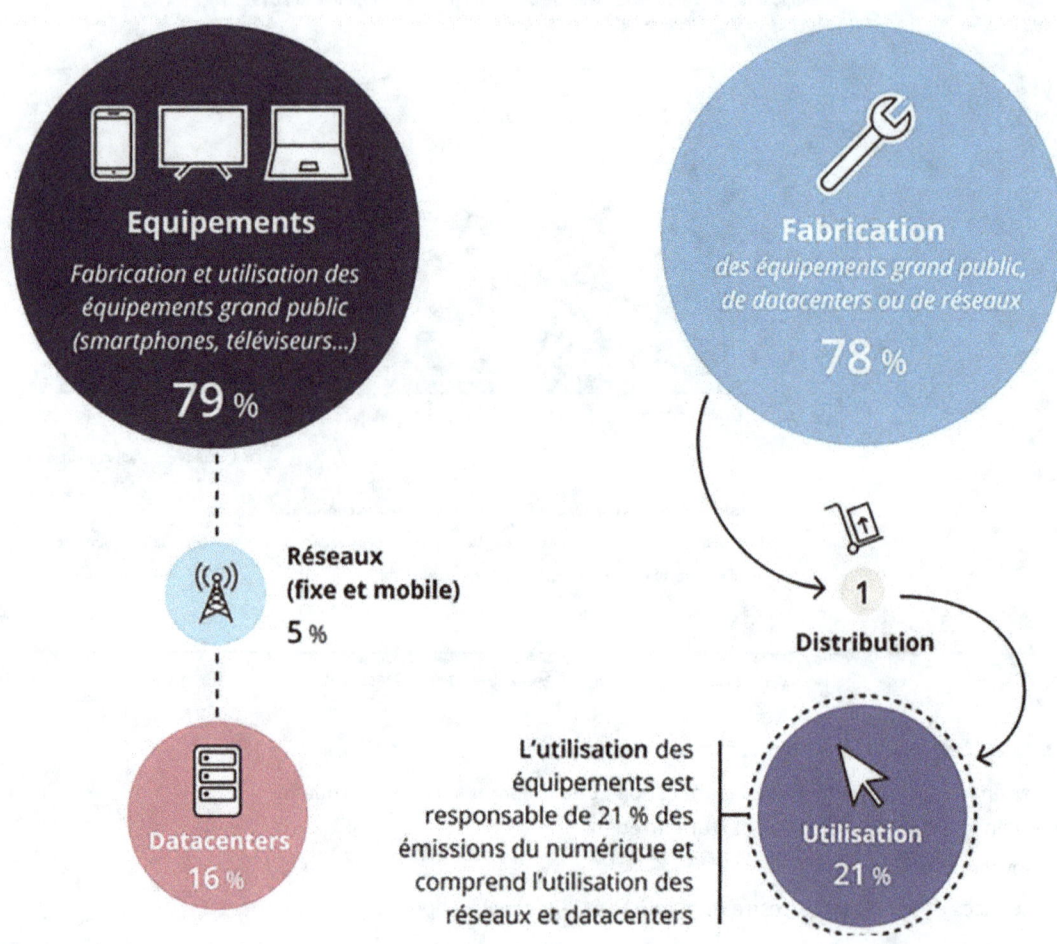

Source : L'ARCEP mars 2023 (Autorité de régulation des communications électroniques, des postes et de la distribution de la presse) a été créée le 5 janvier 1997.

En 2020, en France la consommation électrique pour les services numériques est estimée à 48,7 TWh soit environ 10% de la consommation électrique française. En terme de rejet carbone, le numérique représente 2,5% de l'empreinte carbone. (ADEME Agence De l'Environnement et de la Maitrise de l'Energie).

Dans le monde, le numérique est responsable de 3,5% des émissions mondiales de GES, mais ce chiffre ne fera qu'augmenter dans le futur. Une étude commandée par le Sénat en 2022 montre que la croissance du numérique s'accompagne d'une augmentation de 9% par an de l'empreinte énergétique dans le monde.

Bien que restant à un niveau faible, Il est intéressant de remarquer que les émissions mondiales de GES dues au numérique sont comparables aux émissions mondiales de l'aviation de l'ordre de 2,5 à 3%.

L'ORGANISATION INTERNATIONALE et LES « CONFERENCES OF THE PARTIE » (COP)

Nations unies et l'Organisation météorologique mondiale ont créé une convention cadre sur le changement climatique.

Depuis sa création en 1988, le GIEC (Groupement intergouvernemental sur l'Évolution des Climats, en anglais *IPCC, International Panel on Climate Change*) a édité plusieurs rapports confirmant l'évolution du climat et son lien avec les gaz à effet de serre émis par l'homme.

Le GIEC est constitué de trois groupes d'experts internationaux :

- Un groupe sur la connaissance du climat,

- Un groupe sur les impacts du changement climatique,

- Un groupe sur les moyens de lutte contre l'effet de serre (et une unité de recensement des GES),

L'ensemble des groupes de travail s'appuie sur des experts internationaux dans tous les domaines liés au climat.

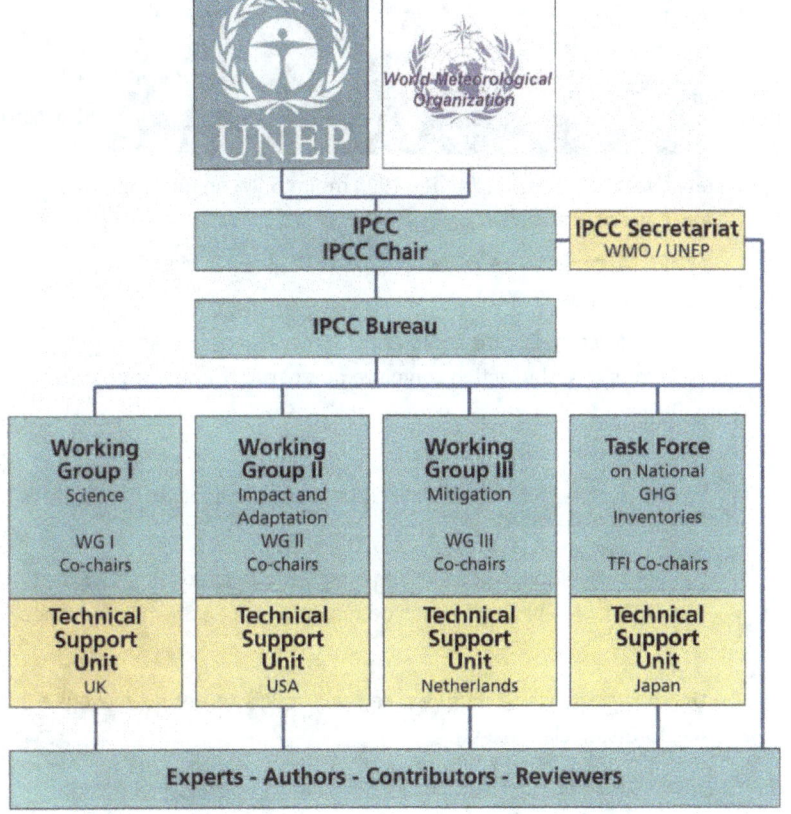

L'organisation météorologique mondiale (OMM) et le Programme des Nations Unies pour l'environnement (PNUE) ont élaboré en 1979 un programme relatif au changement climatique.

Ce programme est assuré et suivi par le Groupement Intergouvernemental sur l'Evolution du Climat (GIEC ou IPCC en anglais). Une Convention cadre appelée convention climat ratifiée par 175 Etats a pour objectif de stabiliser les concentrations de gaz à effet de serre dans l'atmosphère à un niveau permettant d'empêcher toute perturbation anthropique dangereuse du système climatique.

Les signataires au nombre de 189 Etats prennent des engagements de réduction de leurs émissions de GES. Les pays sont répartis en deux groupes : le premier est constitué de pays développés et de la majorité des anciens pays de l'Est, le second est constitué par les pays émergents.

Des réunions périodiques, les conférences des parties (CDP ou COP en anglais) sont programmées afin de mettre en œuvre le traité. Ces CDP ont démarré avec Berlin en 1995 puis Genève, Kyoto, Buenos aires, Bonn, Lyon, Marrakech, New Delhi, Johannesburg, etc et Dubaï en 2023.

Le texte retenu a permis de définir les modalités de :

- Fonctionnement d'un système d'observance,

- Mise en œuvre des mécanismes de flexibilité (MDP*, MOC**, puits de carbone et système d'échange des droits d'émission),

- Lancement d'un marché international des droits d'émission pour 2008,

- Mise en place des transferts de technologies dans le cadre de l'application du Protocole,

L'accord prévoit pour la première période d'engagement (2008 – 2012) que les émissions de CO_2 des pays signataires doivent être au niveau de celles de l'année 1990 moins 5,2% en moyenne. Cet objectif semble déjà très difficile à respecter pour chacun des pays signataires.

MDP* Mécanisme de Développement Propre par lequel un pays du premier groupe fournit un support technique au pays du second groupe

MOC** Mise en Œuvre Conjointe : Ce mécanisme permet au pays du premier groupe de coopérer sur des projets de réduction des émissions. Une action conjointe doit permettre aux pays et aux industries des gagner des crédits pour les émissions évitées.

La charte de la Terre, Rio 1992 et le Protocole de Kyoto 1997

Les pays développés doivent diminuer leurs émissions de GES de 5,2% en 2010 par rapport à leurs émissions de 1990. Pour l'Union Européenne l'objection de réduction est de 8% mais la France est à 0 car elle utilise l'électricité d'origine nucléaire.

Une des grandes questions est de savoir quels seront les moyens éligibles pour lutter contre l'effet de serre (comptabilisation des forêts, nucléaire, etc).

Les permis d'émissions (achat ou vente de droits d'émission) à l'échelle mondiale doivent permettent de diminuer les coûts de réduction des émissions en n'investissant pas forcément dans son pays mais là où c'est le plus efficace en particulier dans les pays émergents.

Les principales difficultés des négociations pour la mise en œuvre du Protocole de Kyoto résident dans le fait que la plupart des pays ont des émissions de GES continument croissantes, en particulier sous l'effet de la croissance des transports mais également pour certains pays l'effet de la croissance démographique et de leurs intérêts directs dans l'utilisation de leurs ressources nationales en combustibles fossiles. Un problème supplémentaire vient de la difficulté à mesurer l'efficacité des puits de carbone liés aux cultures et forêts.

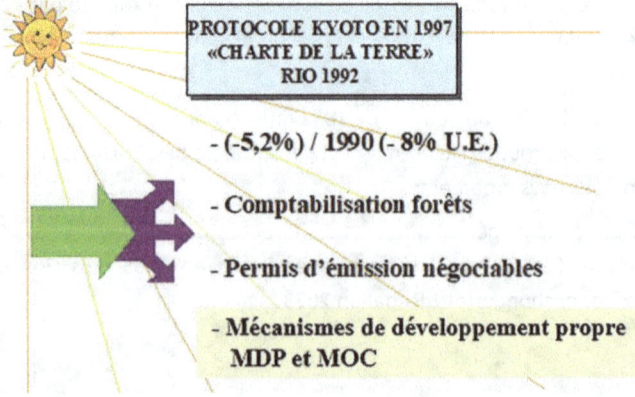

LE SYSTEME D'ECHANGE DES QUOTAS D'EMISSION DE CARBONE (SEQE)

Le marché du carbone est un mécanisme permettant l'échange de droits d'émission de gaz à effet de serre.

Il s'agit d'une des mesures incitatives prévues par le Protocole de Kyoto pour encourager les États à réduire leurs émissions et opter pour de nouvelles technologies à moindre coût.

Au même titre que la taxe carbone, ce dispositif doit faciliter la réalisation des objectifs climatiques collectifs.

Dans la pratique, les entreprises ont besoin chaque année d'autant de permis d'émission qu'elles prévoient de rejeter de GES dans l'environnement.

Les secteurs industriels (sauf les énergéticiens) obtiennent des quotas gratuitement, mais si ces quotas ne couvrent pas complètement leur pollution, ils doivent acheter des permis supplémentaires par le biais d'un système d'enchères.

En Europe dans un premier temps, le plafond d'émissions a été fixé pour réduire les émissions polluantes de 20 % par rapport à leur volume de 1990.

A partir de 2021, les permis en circulation sont réduits de 2,2 % par an, avec une diminution correspondante d'environ 55 millions de quotas, de façon à atteindre progressivement l'objectif de 40 % de baisse des émissions, toujours par rapport à 1990.

Le cap est aujourd'hui d'environ 1,5 millions de quotas.

FIN DU PROTOCOLE DE KYOTO

L'échéance de 2012 du protocole de Kyoto a vu son action prolongée jusqu'en 2020 lors de la conférence internationale sur le climat de Doha (Qatar) avec les objectifs suivants :

- Stabilisation de la hausse de la température moyenne de +2°C d'ici la fin du siècle,
- Implication des pays industrialisés dans les politiques climatiques des pays en développement (objectif de 100 milliards d'investissements pour 2020),

- Engagements volontaires de réduction d'émissions pour 2020.

L'Accord de Paris ratifié en 2016 a remplacé le Protocole de Kyoto et devient le nouvel outil juridique pour le climat avec comme participants 193 pays au lieu de 184 - pays développés et en développement engagés dans des actions de réduction, avec des niveaux différents.

Cet accord historique est le premier du genre où tous les pays de la planète –jusque-là exempts de tous engagements s'engagent à réduire leurs émissions de GES et à maintenir la hausse de la température moyenne de la planète sous la barre des 2°C d'ici 2100.

Résultats du protocole de Kyoto : il fut le premier traité où les pays du monde se sont engagés de manière juridique à réduire leurs émissions de GES. Cependant l'absence de ratification de la Chine, de la Russie, du Japon, du Canada et des États-Unis, seules 15 % des émissions mondiales de gaz à effet de serre étaient concernées.

La baisse mondiale des émissions de CO2 entre 1990 et 2012 est de l'ordre de 4% comparée à l'objectif de Kyoto de -5,5%.

L'Accord de Paris est basé davantage sur le caractère volontaire des actions de réduction des émissions de CO2 plus que sur l'aspect juridiquement contraignant que pouvait avoir le Protocole de Kyoto.

Chaque pays signataire est libre de fixer ses objectifs et engagements en termes de réduction de leurs émissions de gaz à effet de serre ; ils doivent cependant avoir une totale transparence dans le suivi et notamment effectuer un bilan de leur progrès ; l'investissement dans les énergies renouvelables – solaire et éolienne – seront encouragés à hauteur de 1000 milliards ; l'aide auprès des pays en développement sera également augmenté afin de les aider à amorcer la transition énergétique et écologique.

LES COP (Conferences of the Partie)

C'est quoi la COP ?

La Conférence des Parties (COP) a été instituée lors de l'adoption de la Convention-cadre des Nations unies sur les changements climatiques (CCNUCC) au sommet de la Terre à Rio de Janeiro en 1992. Elle est l'organe suprême de la convention et se réunit chaque année depuis 1995.

Les dernières COP se sont déroulées à Marrakech COP 22 en novembre 2016, à Bonn COP 23 en novembre 2017, à Katowice COP 24 en décembre 2018, à Madrid COP 25 en décembre 2019, à Glasgow COP 26 en novembre 2021 et à Sharm el-Sheikh COP 27 en Égypte en novembre 2022. La COP 28 s'est déroulée à Dubaï en novembre 2023.

La COP 27

La Conférence des parties s'est déroulée à Charm el-Cheikh en 2022 sur le changement climatique, Cette conférence internationale de l'Organisation des Nations unies s'est déroulée du 6 au 18 novembre 2022 en Égypte, pays organisateur.

Elle a lieu chaque année et réunit les pays signataires de la Convention-cadre des Nations unies sur les changements climatiques (CCNUCC). C'est la 17e réunion des parties au Protocole de Kyoto (CMP 17) et la quatrième réunion des parties suite à l'Accord de Paris de 2015 (CMA 4).

unfccc.int
UN Climate Change COP27 closing press release

196 pays sont représentés avec des dirigeants, des négociateurs et la société civile. Parmi les quelques 110 dirigeants annoncés, peu de représentants du G20, qui représentent pourtant 80 % des émissions mondiales de gaz à effet de serre. Les présidents chinois et américain, représentant les pays les plus pollueurs en GES seront en particulier absent. L'Europe est bien représentée par plusieurs chefs d'Etats dont la France par Emmanuel Macron.

Les principaux enjeux sont la diminution des GES, l'adaptation au changement climatique, ainsi que le financement pour le climat, la défense du continent africain et le financement des dégâts climatiques touchant principalement les pays du Sud.

L'accord de Paris dont l'objectif de réchauffement global est de 1,5 °C (2015) était déjà jugé inaccessible dans le pacte de Glasgow en 2021 et l'est toujours en 2022 par les experts du GIEC. L'objectif à 2 °C serait encore atteignable mais nécessiterait de la part des Etats des efforts drastiques. Dès l'ouverture de la conférence, 169 Parties avaient déjà remis de nouveaux engagements climatiques modifiant leur engagement. 88 Parties, représentant 78 % des émissions mondiales, ont pris un engagement de neutralité carbone.

A Copenhague en 2009, les pays développés s'étaient engagés à mobiliser, à partir de 2020, « 100 milliards de dollars par an » en faveur des pays en développement pour financer leurs actions de lutte contre le changement climatique. (Engagement confirmé dans l'accord de Paris).

En 2021 à Glasgow (COP 26) seulement 86 milliards d'euros seulement ont été mobilisés. La COP27 devra confirmer cet engagement voir l'augmenter en restaurant la confiance des pays en développement envers les pays développés.

La sortie progressive de l'utilisation des combustibles fossiles a été demandée avec un accord de l'Europe, des USA, du Canada, de la Norvège, de l'Inde et de la Colombie mais les pays du golfe ainsi que la Chine s'y sont opposés. C'est une grosse déception que la cause principale de l'effet de serre ne soit pas entendue.

Un plan d'action pour l'initiative « Systèmes d'alerte précoce pour tous » (*«Early Warnings for All »*) est soutenu par une déclaration conjointe signée par 50 pays et est d'un montant de 3,1 milliards de dollars à engager entre 2023 et 2027. Il s'agit en fait d'une petite fraction (environ 6 %) des 50 milliards de dollars US demandés pour le financement de l'adaptation climatique.

Une des avancées historiques de la COP 26 est la création d'un fonds pour les pertes et dommages, pour aider financièrement les pays en développement vulnérables à financer les dégâts irréversibles causés par le réchauffement climatique.

Douze gouvernements et l'Union européenne ont déjà promis de débloquer, au total, environ 360 millions de dollars pour financer ces dégâts irréversibles. C'est un premier pas car l'estimation de ces dégâts d'ici 2050 sont évalués à 1700 milliards de dollars.

Pour résumé les différents engagements des parties sont rappelés dans le tableau ci-dessous :

Année	COP	Lieu	Décision
2015	COP 21	Paris	Maintenir l'augmentation des températures à 2°C, si possible 1,5°C (accord de Paris entré en vigueur en 2016)
2017	COP 23	Bonn	intégration de l'agriculture aux débats (« dialogue de Koronivia »)
2018	COP 24	Katowice	Règle commune de mesure, enregistrement et rapportage des progrès réalisés par chaque état dans leur réduction des émissions (« boîte à outils »)
2020			Première publication des objectifs de chaque État (« contributions déterminées au niveau national » CDN ou NDC en anglais)
2021	COP 26	Glasgow	Instauration. d'un marché mondial du carbone (« article 6 »)
2022	COP 27	Charm El-Cheikh	Adoption d'un fonds pour « les pertes et dommages » provoqués par les impacts du changement climatique subis par les pays les moins avancés

Préservation des zones riches en carbone (forêts, tourbières, mangroves), Demande de moratoire sur l'exploitation des grands fonds marins, Engagement pour la réduction des émissions de méthane.

La COP 28 à DUBAÏ (novembre 2023) :

L'accord marque le «début de la fin» de l'ère des combustibles fossiles. Ainsi titre l'UNFCC suite aux discussions des différentes parties.

Réponse COP « La liste comprend également l'accélération des efforts en vue de la réduction progressive de la production d'électricité à base de charbon, l'élimination des subventions inefficaces aux combustibles fossiles, et d'autres mesures qui favorisent la transition vers l'abandon des combustibles fossiles dans les systèmes énergétiques, de manière juste, ordonnée et équitable, les pays développés continuant à jouer un rôle de chef de file »

Rappel : à ce jour 432 nouveaux projets d'exploitation pétrolière et gazières ont été déposés d'ici 2025 *(Global data – agence ecofin)* La production et la consommation pétrolière, charbonnière et gazière ne font que croitre. Où est l'arrêt ou la diminution de ce type d'énergie fossile ?

Evolution, réduction, transition ? qu'en est-il ?

Réponse COP « Une transition écologique hors des combustibles fossiles, un triplement de la capacité de production d'énergies renouvelables et un doublement des taux d'efficacité énergétique d'ici à 2030 ». Le gaz est une énergie de transition, retenue par la COP.

Rappel : La terminologie anglaise utilisée laisse la porte ouverte à interprétation : *transitionning away* (transition vers), *transitionnel energy* (énergie de transition) *phase down* (réduction ou diminution), *phase out* (suppression). Tout cela sans agenda ni date de fin montre une politique affichée non engageante ni déterminante pour la diminution et l'arrêt de production et d'émission des énergies fossiles (charbon, pétrole et gaz).

La capture et le stockage des GES

Réponse COP : Le texte fait également mention du balbutiant captage et stockage du carbone. Cette solution, jugée par le Giec nécessaire, est défendue par les pays producteurs de pétrole pour pouvoir continuer à pomper des hydrocarbures au lieu de privilégier les alternatives. La COP conseille son accélération « particulièrement » pour les secteurs dans lesquels il est «difficile» de faire baisser les émissions de gaz à effet de serre ?

Rappel : des usines prototypes existent depuis les années 2000 montrant la faisabilité de la capture mais cela double le prix des énergies fossiles.

Le financement des dégâts climatiques ? 100 milliards/an étaient prévus ?

Réponse COP « Le Fonds vert pour le climat (FVC) a bénéficié d'un coup de pouce lors de sa deuxième reconstitution, six pays s'étant engagés à verser de nouveaux fonds lors de la COP 28, le total des promesses atteignant désormais le chiffre record de 12,8 milliards d'USD de la part de 31 pays, et d'autres contributions sont encore attendues. »

L'accord de Paris ?

Réponse COP « Nous devons nous atteler à la mise en œuvre de l'Accord de Paris, a déclaré Simon Stiell. Au début 2025, les pays doivent fournir de nouvelles contributions déterminées au niveau national. Chaque engagement, qu'il s'agisse de financement, d'adaptation ou d'atténuation, doit nous permettre de nous rapprocher d'un monde à 1,5 degré. »

Rappel : Il est utile de rappeler que les 1,5°C visés par la COP sont illusoires sachant qu'ils sont déjà atteints dans certaines parties du globe. Hypocrisie ou politique de l'autruche ?

Les futures COP ?

La COP 29, qui se tiendra du 11 au 22 novembre 2024 en Azerbaïdjan, et le Brésil comme hôte de la COP 30 qui aura lieu, du 10 au 21 novembre 2025.

LE PROGRAMME NATIONAL DE LUTTE CONTRE LE CHANGEMENT CLIMATIQUE (PNLCC)

C'est à l'initiative de la France, à La Haye que la négociation mondiale sur l'effet de serre a été lancée en 1989.

Jean Ripert conduisit la préparation de la Convention Climat adoptée en 1992 à RIO.

La France est dotée d'un programme de lutte contre le changement climatique (PNLCC) afin d'honorer ses engagements internationaux, en particulier ceux de la Convention de Kyoto. Dès 1998, des mesures nationales ont été engagées poursuivant celles de 1993 et 1995.

Ce programme vise à préserver les grands équilibres (air, eau et terre) tout en maintenant la compétitivité de notre économie. Il est basé sur des mesures fiscales, et des actions techniques et structurelles pour le long terme.

Les différents secteurs concernés sont ceux de l'industrie, des transports, du bâtiment, de l'agriculture, des forêts et des produits dérivés, des déchets, de la production d'énergie et des gaz frigorigènes.

Les mesures fiscales : L'écotaxe carbone/énergie basée sur le principe pollueur-payeur devrait être mise en place progressivement, la difficulté étant de ne pas pénaliser nos entreprises.

Les mesures techniques : réduction de la consommation en énergie des équipements (véhicules, habitations, appareils ménagers, etc). Amélioration des rendements des procédés industriels.

Effet attendu en millions de tonnes de carbone

Les actions structurelles long terme : Nouvelles constructions plus sobres en énergie (habitat, industrie,

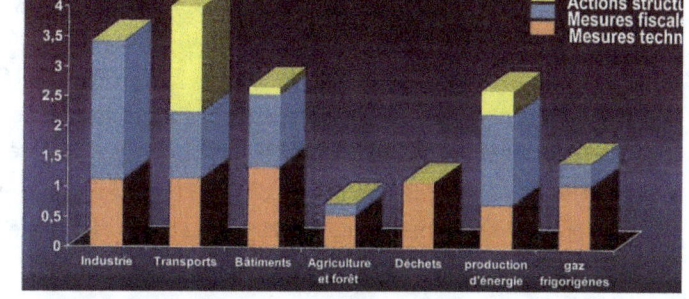

etc). Développement des énergies renouvelables ; Instauration d'une véritable politique des transports (rails, transports collectifs, etc).

En France, le CNTE (voir ci-dessous) une instance qui regroupe des représentants de collectivités territoriales, des ONG, des syndicats, le patronat et des parlementaires, a adopté cette position « *à l'unanimité* ». Il « *propose de retenir, pour la trajectoire d'adaptation au changement climatique, l'hypothèse générale d'un réchauffement global de 3°C d'ici à la fin du siècle* », de +1,4°C en 2030 et de +2°C en 2050 « *Nous sommes sur une trajectoire vers les 3°C au niveau mondial et donc pour la France métropolitaine ça veut dire +4°C* », a précisé le sénateur écologiste et vice-président de la commission spécialisée du CNTE.

Le **Conseil national de la transition écologique (CNTE)** est une commission administrative à caractère consultatif française créée en 2013 en complément du Conseil national du développement durable (CNDD) et a pris le relais du Conseil national du développement durable et du Grenelle de l'environnement (CNDDGE). Il élabore et suit la stratégie nationale de développement durable pour accompagner la transition énergétique et écologique jugée depuis le sommet de la Terre de Rio (juin 1992) nécessaire à la soutenabilité du développement économique, social, culturel et environnemental des sociétés et des nations.

L'INTERET PLANETAIRE

Au niveau planétaire, la lutte contre l'effet de serre se heurte aux intérêts économiques et stratégiques nationaux, qui sont différents et parfois divergents, en fonction de la situation spécifique des pays :

- Situation géographique des pays (chaud, froid ou tempéré) dont dépend la vulnérabilité aux changements climatiques,

- Ressources énergétiques (pétrole, charbon, gaz et uranium)

- Démographie,

- Niveau économique du pays (pauvre, émergent ou développé),

Les pays pauvres ont le souci de leur survie et donc le changement climatique n'est pas leur priorité d'autant que cela demande des investissements.

Les grands pays émergents, les BRICS, qui souvent ont des ressources énergétiques importantes (charbon en Chine, pétrole et gaz en Russie) veulent avant tout rattraper leur retard économique et sont donc moins préoccupés par l'effet de serre.

Quant aux pays développés, ils essaient de limiter leur dépendance énergétique en s'accaparant les combustibles fossiles (gaz et pétrole) sans se préoccuper de l'approvisionnement futur des pays pauvres.

L'intérêt des pays développés pour l'environnement est réel mais il est également marqué par le souci égoïste de la préservation de leurs acquis et le maintien de leur position dominante.

Or quel que soit le lieu des émissions, aux Etats-Unis, au Japon, en Chine ou en Europe les gaz à effet de serre ont le même effet sur le climat. Il s'agit donc d'un problème collectif que les habitants de cette planète doivent régler ensemble.

L'intérêt planétaire devrait donc nous orienter vers le développement durable pour :

- La préservation des ressources énergétiques en maîtrisant mieux nos besoins (maîtrise et économie d'énergie),
- Le respect de notre environnement (terre, air, eau) garant de notre qualité de vie,
- L'aide au développement des pays pauvres (transfert de technologie et coopération économique),

Le développement durable concerne l'ensemble des citoyens de cette planète et nécessite un renforcement des institutions internationales, avec comme ligne directrice un objectif d'équité. Réduire les inégalités entre les pays riches et les pays pauvres est non seulement une exigence morale, mais aussi la meilleure garantie pour une paix durable.

Compte tenu des connaissances scientifiques et des développements technologiques, tout être humain devrait avoir accès à un certain nombre de droits fondamentaux (travail, nourriture, logement, éducation, santé et sécurité).

Il devient urgent de comprendre que seul un développement équitable garanti par des institutions internationales respectées de tous, peut nous permettre d'atteindre les objectifs du développement durable.

CONCLUSIONS

Le réchauffement climatique et ses conséquences mondiales en terme d'impact physique, physico-chimique, biologique, sanitaire, migratoire et hébergement est sans doute le problème environnemental le plus important qu'ait connu l'humanité.

L'Accord de Paris vise à contenir l'augmentation de la température moyenne mondiale nettement en dessous de 2 °C par rapport aux niveaux préindustriels (période 1850 1900) tout en continuant d'œuvrer pour la limiter à 1,5 °C.

La température moyenne mondiale pour la période de dix ans comprise entre 2013 et 2022 est déjà supérieure d'environ 1,14 °C [1,02 à 1,27 °C] à sa valeur préindustrielle, une augmentation qui se rapproche de la limite inférieure que l'Accord de Paris tente de faire observer.

Toutes les vagues de chaleur et les extrêmes climatiques depuis une vingtaine d'années nous le rappellent constamment avec les dégâts engendrés et les pertes de vie humaine en particulier dans les pays subtropicaux vulnérables.

Le monde commence à prendre conscience de ce phénomène depuis l'accord de Paris où tous les pays (sauf 3 petits) de cette planète se sont engagés dans la réduction des GES.

La sagesse humaine devra l'emporter pour la survie et le bien-être de l'humanité. La coopération internationale est un environnement propice pour atteindre les objectifs de Paris mais également un catalyseur pour aider les pays en développement et fragilisés.

Les solutions existent depuis presque 25 ans car l'on sait capter le CO_2 par des méthodes physico-chimiques mais cela double le prix de charbon (en particulier). Les solutions de stockage existent. Les plus grands pollueurs (Etats-Unis et Chine) mènent des guerres économiques et délaissent la capture du CO_2 alors que ces pays en paient le prix fort avec les ouragans, feux, et crues, sur leur propre territoire.

Restons optimiste car certains problèmes peuvent se résoudre comme le transport (25% des émissions mondiales) par la transition du moteur thermique au moteur électrique.

Les trois axes de développement – maitrise de l'énergie – capture du CO2 – Evolution du mix énergétique – vers des sources non émettrices de GES doivent permettre d'atténuer le réchauffement climatique.

Toutes ces solutions n'ont de sens que dans la mesure où l'ensemble des pays émetteurs de GES respectent leurs engagements dans l'Accord de Paris.

La taxe carbone aux frontières des pays ou continent respectueux pourrait changer la donne car la compétition économique reste plus que jamais un enjeu international pour le développement des pays.

GLOSSAIRE

Albédo : pouvoir réflecteur d'une surface (ex l'albédo de la neige est de 80 à 90% tandis que l'albédo d'une surface sombre est de 10%)

Alcalin : qui se rapporte aux alcalis (sodium, potassium, lithium) qui ont des propriétés basiques (soude par exemple)

Anthropique : qui est produit par l'homme.

Atmosphère : enveloppe gazeuse de la terre et des planètes L'atmosphère est constituée par la troposphère (du sol à 10 km d'altitude), de la stratosphère (de 10 à 50 km) puis de la mésosphère (au-dessus de 50 km)

Carbone organique : carbone contenu dans les espèces végétales et animales

Cryosphère : Partie de l'écorce terrestre et de l'atmosphère qui est soumise pendant au moins une période de l'année à des températures inférieures à 0°C (pergélisols, glaciers, banquise, calottes polaires)

DIS : Déchets Industriels Spéciaux

Fluide supercritique : fluide qui au-delà d'une certaine pression et température possède des propriétés particulières d'écoulement (superfluidité)

Océan de surface : couche superficielle allant de la surface jusqu'à environ 500m de profondeur. Cette couche est directement soumise à l'action des vents

Océan profond : couche au-delà de 500 m de profondeur, relativement isolée des influences de la surface

Off-shore : en mer

On shore : à terre

ph : définit l'acidité d'une solution (ph de l'eau 7, ph d'un acide 1, ph d'une base 14

PIB : Produit Intérieur Brut. C'est l'ensemble des biens et services produits en une année par les acteurs économiques d'un pays (y compris à l'export)

Polymère : Composé organique constitué de macromolécules comme le PVC, le polyéthylène

Proton : particule constituant avec les neutrons le noyau des atomes

Sylviculture : Science ayant pour objet la culture, l'entretien et l'exploitation des forêts

SIGLES ET ABREVIATIONS

ADEME : Agence de l'environnement et de la maîtrise de l'énergie
ANAH : Agence Nationale pour l'Amélioration de l'Habitat
CDIAC : Carbon Dioxide Information Center
CEA : Commissariat à l'énergie atomique et aux énergies nouvelles
CIRED : Centre International sur l'environnement et le développement
CNRS : Centre national pour la Recherche Scientifique
DRIRE : Direction régionale de l'Industrie de la recherche et de l'environnement
GES : Gaz à effet de serre
GIEC : Groupement intergouvernemental sur l'évolution du climat
GWP : Global Warming Potentiel
IFEN : Institut Français de l'Environnement
IPCC : International Panel on Climate Change, GIEC en français
IEA/GHG : International Energy Agency / Green House Gas R&D
MIES : Mission Interministérielle de l'effet de serre
OCDE : Organisation de Coopération et de Développement Economique
PNLCC : Programme National de Lutte contre le Changement Climatique
PRG : Pouvoir de Réchauffement Global
PVD : Pays en Voie de Développement
UE : Union Européenne
UNFCCC : United Nation Framework Convention on Climate Change
WMO : World Meteorological Organisation
CO2 : dioxyde de carbone ou gaz carbonique
CH4 : Méthane
HFC : Hexafluorocarbone, famille d'hydrocarbures dont une partie des atomes d'hydrogène est remplacées par du fluor
N2O : Protoxyde d'azote ou oxyde nitreux
O3 : ozone
PFC : Perfluorocarbone, famille d'hydrocarbures dont une partie des atomes d'hydrogène est remplacées par du fluor
SF6 : Hexafluorure de soufre
Kt : Kilotonnes = 1000 tonnes
Mt : Mégatonnes = 1.000.000 tonnes
Gt : Gigatonnes = 1.000.000.000 tonnes
Tep : Tonne équivalent pétrole
Tec : Tonne équivalent charbon
Ppb : partie par billion (milliard)
Ppm : partie par million
Ppt : partie par trillion (milliard de milliards)

kWh : quantité d'énergie correspondant à 1000 watt/h
Mwh : quantité d'énergie correspondant 1000 kWh
Gwh : quantité d'énergie correspondant 1000 Mwh
Twh : quantité d'énergie correspondant 1000 Gwh
W/m2 : puissance exprimée en Watt par m^2

POUR SAVOIR PLUS

DUPLESSY J.C. Quand l'océan se fâche Paris Odile Jacob 1996
JANCOVICI J.M. L'avenir climatique 2002
JOUSSEAUME S. Climat d'hier à demain Paris CNRS Editions/CEA 1998
JOUZEL J. et DEBROISE A. Climat jeux dangereux Paris Dunod 2004
LEROY LADURIE E. Histoire du climat depuis l'an mil Flammarion 1967
LE TREUT et JANCOVICI J.M. L'effet de serre Paris Flammarion coll Dominos 2001
LORIUS G. Glaces de l'antarctique une mémoire des passions Paris Odile Jacob 1991
Valérie LARAMEE DE TANNENBERG Agir pour le climat Entre ethique et profit (2019)
Christian de PERTUIS Le tic-tac de l'horloge climatique. Une course contre la montre pour le climat (2019)
Paul HAWKEN Drawdown Comment inverser le cours du réchauffement planétaire (2018)
Robert KANDEL Le réchauffement climatique (2010)
Olivier POSTEL-VINAY La comédie du climat (2015)
Dominique LOUIS, Jean Louis RICAUD Energie nucléaire : le vrai risque (2021)
Dominique LOUIS, Jean Louis RICAUD 2050 La France sans carbone (2018)

SITES INTERNET

Apc-paris.com Agence parisienne du climat
NOAA.gov National Oceanic and Atmospheric Administration
RTE-France.com Le gestionnaire du réseau de transport électrique
CITEPA.org Association qui étudie les impacts du dérèglement climatique *SDES (www.statistiques.developpement-durable.gouv.fr)*
www.ecologie.gouv.fr/politiques/comprendre-changement-climatique
https://public.wmo.int/fr Organisation mondiale de la météorologie
Propellet *www.propellet.fr* association nationale des professionnels de chauffage au granulé de bois Global monitoring laboratory : *https://gml.noaa.gov/*
European Environmental agency : *https://www.eea.europa.eu/en*
OMS Organisation Mondiale de la Santé *https://www.who.int/fr*
COP Conference of the Parties *www.ecologie.gouv.fr/decryptage-des-cop-conferences-internation*ales-

AIE Agence International de l'Energie *www.iea.org*

AIEGHG Agence Internationale de l'Energie GreenHouseGas

EDF Electricité De France : *www.edf.fr*

ECOTREE Site pour la préservation des forêts *https://ecotree.green*

ONF Office National des forêts *https://www.onf.fr*

Eurostat *https://ec.europa.eu/eurostat/fr* données statistiques en Europe

BPstatistical review *www.bp.com*

NOTES

NOTES

NOTES

NOTES

NOTES

Ce livre est une actualisation du livre « Effet de serre » publié en 2003 par le CNRS Edition. Il reprend les grands chapitres sur les climats du passé, l'effet de serre, les différents gaz à effet de serre et leurs origines, le bilan carbone de la planète, les conséquences inquiétantes de l'effet de serre (sanitaire, climatique, océanique, biologique) et leurs couts.

Quels sont les pollueurs et les grands secteurs responsables. Des solutions sont explicitées au niveau de la capture et du stockage du CO_2 ainsi que tous les types de production d'énergie disponible pour l'électricité, le transport, l'habitat et les grandes industries.

L'organisation internationale est décrite avec le système d'échange des quotas d'émissions de carbone et les conférences annuelles des parties (les COP) ainsi que l'organisation en France.

Cet ouvrage pédagogique s'appuie sur des données scientifiques irréfutables présentées simplement à l'aide de photos, de graphes, d'histogrammes et de textes abordables.

Il montre la problématique de l'effet de serre dans son ensemble et participe à la compréhension de ce phénomène.

Bonne lecture

René DUCROUX a travaillé à l'Agence Internationale de l'Energie, au programme de réduction des gaz à effet de serre (IEA GHG R&D programme) au Royaume-Uni. Il a été expert Energie Environnement (expert CO2) à l'Académie des Technologies. Docteur-ingénieur ENSCP, docteur de l'Université Paris VI, il a été chercheur au CEA avant de rejoindre le groupe industrie lORANO.